太陽光発電の
スマート
基幹電源化

| IoT/AIによるスマートアグリゲーションがもたらす
| 未来の電力システム

井村順一・原辰次 [編著]
Imura Jyunichi　Hara Shinji

日刊工業新聞社

はじめに

　20年後、30年後の生活は、どのようになっているであろうか？　近年、IoT (Internet of Things、モノのインターネット)、AI (Artificial Intelligence、人工知能)、スマートシティ、自動運転、シェアリング、ブロックチェーン、仮想通貨など、世の中は未来を予測する身近なキーワードに溢れている。これらが指し示す社会はどのようなものであろうか？　IoTにより、自動車、家電製品、建物内の照明、冷暖房・戸締まり、工場内の各種生産装置など、様々な「モノ」が情報レベルでつながるようになる。そして、それにより、人やモノの移動や日々の暮らし、商品の生産・販売・消費などで様々な新しいサービスが登場してくる。AIにより、どのレベルの知的サービスが登場するかがポイントであろう。これらのサービスと切り離せないものがエネルギーである。エネルギーなくして、モノとつながったサービスは提供できない。IoTは、情報によるモノの間の結合を指すが、そもそも、モノを動かすための電気、ガスエネルギーも情報によりつながる。

　本書では、こうした全てのサービスの根源となるエネルギーについて、特に電力エネルギーについて、20年後、30年後の未来について考えてみたい。すなわち、現在の電力エネルギーシステムを見つめ、その延長線上にある未来の電力エネルギーシステムのあるべき姿を描こう、というものである。近年良く見かける未来予想とは違う。未来の電力システムやエネルギーシステムに関する著書は近年、多数ある（文献1)～3) などを参照)。本書はそれらを参考にしつつも、実際に未来の電力システムを研究している者の立場から、現在や未来の科学技術レベルを根拠に、システム論的な視点も取り入れて、電力エネルギーシステムのあるべき姿を解説する。

　本書は、科学技術振興機構の戦略的創造研究推進事業CRESTの「分散協調型エネルギー管理システム構築のための理論及び基盤技術の創出と融合展開」領域（研究総括　藤田政之）の研究課題「太陽光発電予測に基づく調和型電力系統制御のためのシステム理論構築 (HARPS)」（研究代表者　井村順一、2015年4月～2020年3月）での研究プロジェクトで得た成果を基にしている。

はじめに

　各章の主担当は下記のとおりであるが、著者全員で何度も会議を重ねて、全ての内容を吟味してきた。また、本書の内容は、本書の著者だけなく、本プロジェクトに参加した全ての研究者との研究活動によるものであることを明記しておく。研究者は大学関係者、研究機関、企業を合わせて全76名（2018年10月現在）いるため、全ての名前を記載できないことをご容赦いただきたい。研究プロジェクトのホームページ（文献4））には学生を含む全ての研究者を記載しているので参照されたい。なお、石﨑孝幸氏、定本知徳氏、笹原帆平氏、餘利野直人氏、佐々木豊氏、関崎真也氏からは図なども含めて多くの研究成果を提供していただいたので記して感謝する。

執筆担当：

井村順一（1、3.2、5.3.1、7.4.4、9.2）、**原　辰次**（2.3、3、8.2、9）、**植田　譲**（2.1、2.2、5）、**大関　崇**（4）、**大竹秀明**（4）、**児島　晃**（7.4.2）、**杉原英治**（7.1、7.3、7.4.3）、**造賀芳文**（7.5）、**津村幸治**（6.2、6.3）、**益田泰輔**（5.4、7.1、7.2、7.4.1）、**山口順之**（6.1、8.1）

参考文献

1) ジェレミー・リフキン、柴田訳：限界費用ゼロ社会、2015
2) 竹内編著、伊藤、岡本、戸田著：エネルギー産業の2050年、Utility 3.0 へのゲームチェンジ、2017
3) 江田健二：ブロックチェーン×エネルギービジネス、2018
4) http://harps-crest.jpn.org/

目　次

はじめに

次世代電力システムの在り方と目指すところ

第1章　電力システムの現況と課題：次世代電力システムの構築に向けて

1.1　東日本大震災を契機とした「電力システム改革」を理解する ……10
　1.1.1　電力システム改革の3つのマイルストーン ………………10
　1.1.2　再生可能エネルギー導入を巡る動き ……………………12
　1.1.3　情報通信技術の活用に向けて ……………………………15
　1.1.4　蓄電池を巡る動き …………………………………………16
1.2　太陽光発電導入における4つのポイント ……………………18
　1.2.1　太陽光発電は日中のみ ……………………………………18
　1.2.2　太陽光発電の発電予測は容易ではない …………………21
　1.2.3　分散電源により生じる送配電制約 ………………………23
　1.2.4　火力機の代わりとなる慣性力がない ……………………25
1.3　太陽光発電のスマート基幹電源化 ……………………………27
1.4　次世代電力システムに向けて …………………………………29

第2章　IoT/AIによるスマートアグリゲーション

2.1　想定する電力システムの未来像 ………………………………33
　2.1.1　変化する電力へのニーズ …………………………………34

2.1.2　多様化する電力の価値 …………………………………… 34
2.1.3　需要家はプロシューマへ …………………………………… 36
2.1.4　小売事業者はアグリゲータへ …………………………… 36
2.2　アグリゲータの登場とバランシンググループ …………… 37
2.2.1　アグリゲータと小売事業者・発電事業者の違いは？…… 37
2.2.2　バランシンググループとは？ …………………………… 39
2.2.3　様々なニーズに対応する
　　　 小売事業者としてのアグリゲータ ……………………… 39
2.2.4　従来の電気事業者はどうなるのか？ …………………… 41
2.2.5　電力システムは誰が維持するのか？ …………………… 41
2.2.6　スマートアグリゲーションは何をもたらすか？ ……… 42
2.3　アグリゲータをIoTの視点で見ると ……………………… 44
2.3.1　アグリゲータの諸側面をシステムの視点で見ると …… 44
2.3.2　IoTをシステムの視点で見ると ………………………… 46
2.3.3　階層システムとしてのIoTのキーは「中間層」……… 50
2.3.4　「中間層」としてのアグリゲータ ……………………… 52

第3章　次世代調和型電力システム

3.1　次世代調和型電力システムの姿 …………………………… 55
3.1.1　縦横階層化システム ……………………………………… 55
3.1.2　電力システムを縦横階層化システムとして見ると …… 59
3.2　次世代調和型電力システムに向けた技術課題とアプローチ …… 61
3.2.1　太陽光発電予測 …………………………………………… 61
3.2.2　アグリゲータ・バランシンググループ ………………… 62
3.2.3　電力市場 …………………………………………………… 64
3.2.4　系統制御・配電制御 ……………………………………… 65

スマートアグリゲーションに向けた先端的アプローチ

第4章　IoT/AI を活かした太陽光発電予測

4.1　太陽光発電の発電特性 ……………………………………………… 68
　4.1.1　太陽光発電の発電原理 …………………………………………… 68
　4.1.2　太陽光発電システムの種類 ……………………………………… 69
　4.1.3　太陽光発電の発電特性 …………………………………………… 71
4.2　これまでの太陽光発電予測技術 …………………………………… 75
　4.2.1　様々な予測技術 …………………………………………………… 75
　4.2.2　発電予測技術の概要 ……………………………………………… 77
　4.2.3　数値予報技術を利用した予測技術 ……………………………… 78
　4.2.4　衛星観測データ（衛星画像等）を利用した予測技術 ………… 80
　4.2.5　天空画像データを利用した予測技術 …………………………… 81
　4.2.6　実測データを利用した予測技術 ………………………………… 82
　4.2.7　発電把握技術 ……………………………………………………… 83
　4.2.8　実際に利用されている電力会社の発電予測システム ………… 84
4.3　太陽光発電の発電予測の課題 ……………………………………… 85
　4.3.1　季節による予測誤差の特徴 ……………………………………… 85
　4.3.2　天候別の予測誤差 ………………………………………………… 85
　4.3.3　予測の大外れ ……………………………………………………… 87
4.4　AI 技術などによる太陽光発電予測の高精度・高度化 …………… 89
　4.4.1　太陽光発電予測の高精度化 ……………………………………… 89
　4.4.2　アグリゲーションにおける予測誤差の低減 …………………… 90
　4.4.3　発電予測の不確実性の推定 ……………………………………… 91
　4.4.4　太陽光発電の発電予測技術の展開 ……………………………… 94

第 5 章　プロシューマとスマートアグリゲーション

- 5.1　IoT/AIによる予測 ……………………………………………… 99
- 5.2　不確実性をどう受け入れるか …………………………………… 100
- 5.3　予測不確実性を許容する計画 …………………………………… 101
  - 5.3.1　信頼区間とプロファイル ………………………………… 101
  - 5.3.2　予測不確実性を許容する計画の作成方法 ……………… 103
- 5.4　スマートアグリゲーションにおけるUC ……………………… 104
  - 5.4.1　UCの現状と未来 ………………………………………… 104
  - 5.4.2　予測を利用したUC ……………………………………… 105
- 5.5　様々な制約を考慮した配分 ……………………………………… 106
- 5.6　多様性を利用した当日運用 ……………………………………… 108
- 5.7　調整力の創出に向けて …………………………………………… 109

第 6 章　電力市場とスマートアグリゲーション

- 6.1　従来の電力市場とその課題 ……………………………………… 111
  - 6.1.1　電力システム改革における
    電気事業者の類型と重要機関 …………………………… 111
  - 6.1.2　現状の電力市場 …………………………………………… 117
  - 6.1.3　従来の電力市場の課題 …………………………………… 118
- 6.2　エネルギーシフトを可能にする
  未来の電力市場とスマートアグリゲーション ………………… 122
  - 6.2.1　電力エネルギーシフトと適応力 ………………………… 123
  - 6.2.2　リスクヘッジとしてのエネルギーシフト ……………… 126
  - 6.2.3　エネルギーシフトの基本的な売買の概要 ……………… 126
  - 6.2.4　アグリゲータによる適応力の向上：
    時間的エネルギーシフトの場合 ………………………… 128
  - 6.2.5　アグリゲータによる適応力の向上：
    空間的エネルギーシフトの場合 ………………………… 130

- 6.3 予測とリスクを考慮した未来の市場取引と
  スマートアグリゲーション ……………………………………… 130
  - 6.3.1 予測とリスクを考慮した
    市場取引のためのアグリゲータの役割 ………………………… 131
  - 6.3.2 リスクを考慮した電力ネットワーク運用の基本的な考え …… 133
  - 6.3.3 信用度を用いた市場取引の概要 ……………………………… 134
  - 6.3.4 信用度を用いた市場取引：アグリゲータを介さない場合 …… 135
  - 6.3.5 信用度を用いた市場取引：アグリゲータを介する場合 ……… 136
  - 6.3.6 信用度を用いた市場取引：市場管理者の役割 ……………… 138

第7章 系統制御とスマートアグリゲーション

- 7.1 従来の電力系統制御とその課題 ……………………………………… 140
  - 7.1.1 電力系統の需給制御 ……………………………………………… 140
  - 7.1.2 電力系統の潮流制御 ……………………………………………… 144
- 7.2 将来の電力系統の需給制御における系統運用者の役割 ………… 146
  - 7.2.1 市場取引のセキュリティチェックと修正（計画断面）……… 146
  - 7.2.2 当日運用における不確実性を含む対応（運用断面）………… 147
- 7.3 将来の電力系統の潮流制御における系統運用者の役割 ………… 149
  - 7.3.1 分散配置による問題とその対応 ……………………………… 149
  - 7.3.2 オープンシステムによる問題とその対応 …………………… 151
- 7.4 新しい電力系統制御の例（研究紹介）……………………………… 152
  - 7.4.1 送電制約を考慮したEDC（運用断面／需給・潮流）………… 152
  - 7.4.2 予測を利用したLFC（運用断面／需給）……………………… 153
  - 7.4.3 温度制約による混雑緩和（運用断面／潮流）………………… 155
  - 7.4.4 電力系統安定化とレトロフィッティング …………………… 155
- 7.5 スマートアグリゲーションのための配電系統 …………………… 157
  - 7.5.1 従来の配電系統の概要 ………………………………………… 157
  - 7.5.2 太陽光発電大量連系による課題 ……………………………… 160
  - 7.5.3 スマートアグリゲーション実現のための配電技術の例 …… 170

第3部 次世代電力システムの開発・構築・検証から Society 5.0 への展開

第8章 ビッグデータと数理モデル連携によるシステム開発

8.1 電力コラボレーションルーム ……………………………… 180
8.1.1 ビックデータ連携に向けての環境整備 ……………… 181
8.1.2 ビックデータ連携を検討するためのシステム構築 …… 183
8.2 ビッグデータ・数理モデル連携型プラットフォーム ………… 187
8.2.1 「データサイエンス」から「クリエイティブ・データサイエンス」へ ……………… 187
8.2.2 データ再構築の例 ……………………………… 191
8.2.3 社会システムの開発・構築・検証に向けたプラットフォーム ……………………………… 195

第9章 調和型電力システムから Society 5.0 へ

9.1 不確かな実世界での IoT/AI：予測・制御との融合 ………… 199
9.1.1 不確かで多様な価値を持つ社会システム ……………… 199
9.1.2 予測・制御から見る IoT ……………………………… 203
9.1.3 グローカル制御 ……………………………… 209
9.1.4 相互作用の設計科学と縦横階層化システム設計 ……… 214
9.2 異システム融合による Society 5.0 の実現 ……………… 217
9.2.1 都市交通システムを例に ……………………………… 217
9.2.2 電力システムと移動システムの融合に向けて ………… 220

おわりに ……………………………………………………………… 223
索　引 ……………………………………………………………… 225

第1部

次世代電力システムの在り方と目指すところ

第 1 章
電力システムの現況と課題：
次世代電力システムの構築に向けて

> 現在の電力システムを巡っては、太陽光発電などの再生可能エネルギーの売買を中心に、他業種による電力販売、スマートメータ設置など身の回りでも様々な変化が起こりつつある。一方で、高度情報通信技術を発端とする IoT（Internet of Things：モノのネットワーク）や人工知能（AI）など技術の到来により、未来社会と呼ばれる新しい社会の兆しが見え始めている。どのように電力エネルギーと関係しているのだろうか？本章では、現在の電力システムとそれを取り巻く IoT や電気自動車などの「今」に焦点を当てて、その全貌を簡潔に紹介してみよう。

1.1 東日本大震災を契機とした「電力システム改革」を理解する

1.1.1 電力システム改革の 3 つのマイルストーン

2011 年 3 月 11 日の東日本大震災による福島原子力発電所事故を契機に、2013 年 4 月に「電力システムに関する改革方針」[1],[2] が打ち出された。これが次世代電力システムに向かう源流であるといえよう。この改革の目的は、

①安定供給を確保する

②電気料金を最大限抑制する

③需要家の選択肢や事業者の事業機会を拡大する

の 3 つである。要するに、だれでも電力の売買取引に参加できることで、いつでも安価に売買ができるようにするとともに、電力を安定に供給することを目的としている。

①は、震災以降、原子力発電への依存度が大きく低下し、太陽光発電など

の再生可能エネルギーの活用が不可避な状況の中、安定な電力供給を確保することを述べており、社会システムとして最も基本的な要請である。②は電力売買の競争の促進や、全国規模で安い電源から順に使う（メリットオーダーという）の徹底、需要家側の工夫（省エネルギーや消費電力時間のシフトなど）による需要抑制などを通じた発電投資の適正化により電気料金を抑制することを目的としている。そして③は、需要家の電力選択の多様なニーズに応え、また、他業種・他地域からの参入、新技術を用いた発電や需要抑制策などの活用を通じてイノベーションを誘発することを目的としている。

　この3項目からなる方針の発表以来、3つのマイルストーンが設定された。第1のマイルストーンとして、2015年4月には広域的な需給運用を担う司令塔として日本全体にわたる電気の融通を容易にし、災害時などに停電を起こりにくくする電力広域的運営推進機関（Organization for Cross-regional Coordination of Transmission Operators、略してOCCTOと呼ばれる）を設置した。第2のマイルストーンとして、2016年4月からは、一般家庭などの小口でも電力販売会社の選択や自由な料金設定を可能とする小売りおよび発電の全面自由化などの政策を実施してきた。

　2020年には、第3のマイルストーンである、各地域の現在の電力会社を法的に解体する、送配電部門の法的分離が行われる予定である。これは、電力会社がこれまで一括して集中的に管理・運営してきた3つの事業、すなわち発電事業、送配電事業、小売事業を分離し、発電事業者、送配電事業者、小売事業者を独立に設定するものである。これによって、様々な業界からの公平な参入を可能とし、電力市場の競争環境を活性化することを想定している。同時に、電力市場も次々に整備され、2016年には1時間前市場、2018年にはネガワット取引市場などが創設された。現在は需給調整市場（一般的には調整力市場とも呼ばれる）が整備されつつある。

　図1.1.1に、この電力システム改革の全体像を示す。本当に必要と思われる重要なポイントのみをピックアップしたので是非確認いただきたい。ただし、この電力システム改革は、20年後、30年後に実現する本当に新しい形の電力システムを構築するための準備段階の1つにすぎない。新しい形の電力システムのあるべき姿については1.4節で紹介するが、その前に、再生可能エネルギーや移動手段の転換、高度情報化社会など、周辺にまつわる様々な

第 1 部　次世代電力システムの在り方と目指すところ

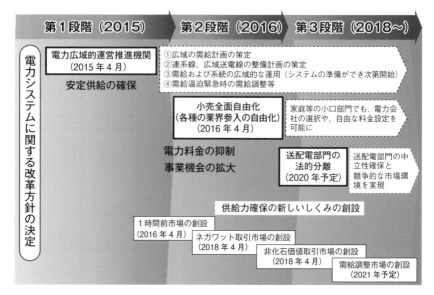

図 1.1.1　一目でわかる電力システム改革

電力システム改革専門委員会報告書「電力システム改革の工程表」を参考に削除・追記している。電力広域的運営推進機関の設立、小売全面自由化、そして送配電部門の法的分離が改革の 3 つの柱である。

現在の流れを見ておこう。

1.1.2　再生可能エネルギー導入を巡る動き

　電力システム改革と並行して、地球温暖化への対策やエネルギー資源の確保のために、太陽光発電などの再生可能エネルギーの普及を促進する政策として 2009 年 11 月から太陽光発電の余剰電力買取制度が始まった。続いて 2012 年 7 月には固定価格買取制度（Feed-in Tariff といい、略して FIT と呼ぶ）が導入され、太陽光発電だけでなく風力、水力、地熱、バイオマス発電による再生可能エネルギーに適用対象が拡大され、かつ、全量買い取りに変更された。

　この効果により、2012 年以降、太陽光発電は順調に導入され、**図 1.1.2** に示すように、2017 年 12 月時点では 43 GW（ギガワット：1 ギガワットは 1000 メガワット）導入されてきている。日本全体のピーク負荷（最大需要電力）が

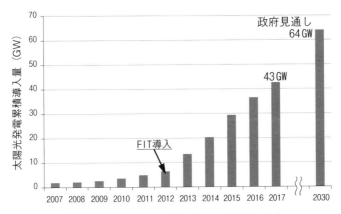

図 1.1.2 日本の太陽光発電の累積導入量[3]

2012 年の固定価格買取制度の開始後、急激に太陽光発電の導入が行われた。政府の見通しである 2030 年の 64 GW 相当の導入量を超える勢いで増えている。

170 GW とすると、43 GW の累積導入量はピーク負荷の 25 % 相当である。すなわち、快晴の日のある時刻に 170 GW のピーク負荷となったときに、その時刻で太陽光発電が最大限発電しているとすると、太陽光発電による電力でピーク負荷の 25 % 相当をまかなっているということになる。

また政府は、2015 年 7 月に「長期エネルギー需給見通し」にて、安全性を前提に自給率向上、CO_2 抑制、コスト低下を同時に達成するための方針として、2030 年の電源構成の見通しを発表した。そこでは、2030 年に再生可能エネルギーを総発電電力量の 22~24 % とし、その中の 7 % が太陽光発電であり、その累積導入量は 64 GW(ピーク負荷の 35 %)までになると想定している。

参考までに、各電力会社の供給エリアごとの太陽光発電の累積導入量を見てみたのが、**図 1.1.3** である[3]。現在は東京エリアと東北エリアの伸び率が大きい。また、最大ピーク負荷(1 年間におけるピーク負荷の最大値)の値を日本全体の導入量で換算すると、九州電力は既に 70~80 GW 相当が導入されていることになっており、最も太陽光発電の利用率が高いエリアとなっている。次は、四国電力で、60~70 GW 相当が導入されていると見積もることができる。また、東京電力の場合は、30~40 GW 相当で、需要電力に比べて太陽光発電の依存度はまだ低いと言える。

世界的な動向にも触れておこう。2015 年 12 月 12 日に第 21 回気候変動枠組

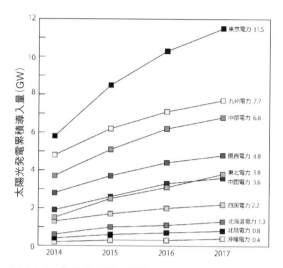

図 1.1.3　各電力会社の供給エリアでの累積導入状況[3]

東京電力の太陽光発電導入量が多いが、最大需要電力との割合で見ると九州電力が最も高く、続いて四国電力となっている。

条約締約国会議（COP21、21th Conference of Parties）にて、気候変動抑制に関する多国間の国際的な協定（パリ協定）が採択された。産業革命前からの世界の平均気温上昇を 1.5 度未満に抑えることを世界の長期目標とするもので、日本も 2030 年までに 2013 年比で温室効果ガス排出量を 26 % 削減することを目標に掲げた。そのため、世界中で太陽光発電や風力発電の導入が進んでいる（**図 1.1.4**）。

2016 年の世界の太陽光発電の累積導入量は約 260 GW であったが、2017 年には約 340 GW までになっている。世界第 1 位は中国で 131 GW、第 2 位は米国で 51 GW、次いで日本が 43 GW となっている[4]。

世界の太陽光発電研究を先導する 3 つの研究機関である、ドイツのフラウンホーファー研究機構太陽エネルギーシステム研究所（Fraunhofer ISE）、米国国立再生可能エネルギー研究所（NREL）、国立研究開発法人産業技術総合研究所は、連携してテラワットワークショップを開催している。そこでは、遅くとも 2023 年までには 1 TW（テラワット：1 テラワットは 1000 ギガワット）に達する、2030 年までに 5 ～ 10 TW、さらに輸送など主要なエネルギー部

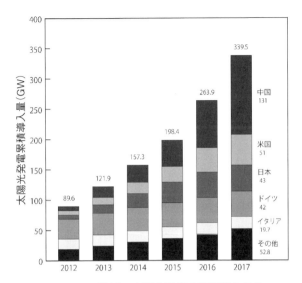

図 1.1.4 世界の太陽光発電の累積導入量[4)]
中国の太陽光発電の導入量の伸びが著しく、現在、世界の太陽光発電の 38 % 以上を占めている。

門の電化が進めば、2050 年までに 60〜80 TW を導入というシナリオを想定している。

一方、風力発電の累積導入量は、2017 年 3 月の時点で世界で約 50 GW である。世界第 1 位は中国で 17 GW、次いで 2 位がアメリカで 8 GW、3 位がドイツで 5 GW であり、日本は 19 位で 0.3 GW となっている。このように、日本では、まずは、再生可能エネルギーとして、太陽光発電を大量に導入する技術を開発することが最優先になっていると言えよう。

1.1.3　情報通信技術の活用に向けて

次世代電力システムにとって、先端の情報通信技術（ICT：Information Communication Technology）を活用していくことは不可欠である。

各需要家の電力消費量については、これまでは月に一度検針員が電力量計の数値を読み取ることで 1 カ月当たりの総電力消費量を計測していた。日本では、特高・高圧大口需要家が約 5 万件、高圧小口需要家が約 70 万件、低圧需要家が 7750 万件あるが、おのおのに対してスマートメータが装備されつ

つある。スマートメータとは、電力消費量をデジタルで計測し、メータ内に通信機能を持たせた次世代電力量計測機器のことである。日本では2020年代の前半までに全世帯・全事業所に導入される予定である。

例えば、東京電力管内では2020年度までに、全ての需要家約2700万件に対してスマートメータを設置する予定である。これにより、電力ネットワークと情報ネットワークによる新しい電力供給システム、すなわちスマートグリッドが構築される基礎が出来上がる。

スマートメータには一般に、AルートとBルートと呼ばれる通信ルートが想定されている。Aルートは、一般電気事業者（現在は電力会社に相当）が30分ごとの電力使用量を検針データとして通信回線を通じて取得する。一方、Bルートは、家庭用のHEMS（Home Energy Management System）機器や後述するアグリゲータなどに接続するものであり、必要であれば、秒単位のデータ通信が可能になる。

米国では、2016年には7200万台のスマートメータが導入されており、カリフォルニア州では15分間隔で計測するスマートメータが、既にほぼ全ての需要家に導入されている。また、欧州でも、スウェーデン、イタリア、スペイン、イギリス、フランス、オランダなどで義務化を含む導入の促進が進んでいる。国際的な通信方式の標準化は完了していないが、ZigBee、Z-Wave、Wi-SUN、G3-PLCといった異なる方式の採用が進んでいる。

1.1.4　蓄電池を巡る動き

次世代電力システムにとって、再生可能エネルギーとセットで必要な技術は蓄エネルギー技術である。蓄電池、蓄熱、燃料電池などが挙げられるが、ここでは蓄電池について述べる。

蓄電池は、大型蓄電池、定置型蓄電池と車載用蓄電池の大きく3つに分けられる。2020年には20兆円の世界市場に拡大すると予想され、日本はその50％のシェアを確保することを目指している。その割合は、大型蓄電池が35％、定置型蓄電池が25％、車載用蓄電池が40％を想定している[5]。

その中で特に車載用蓄電池、すなわち電動車両（BEV：電気自動車、PHEV：プラグインハイブリッドカー）の普及を**図1.1.5**に示す。2011年頃を境に急激に増え、2017年時点で20.5万台まで達している。近年では、ハイブリッドカ

ーやプラグインハイブリッドカーの販売台数の増加が止まり、電気自動車が伸びつつある。乗用車1台につき、通常、電力容量が16〜24 kWhの蓄電池を積んでいる。この蓄電池は標準的な家庭の場合、1.5日間で使う電力量をカバーすることができる。

現在、自動車が移動している時間は、1日平均で30分程度であり、23時間30分は停車していると言われている。すなわち、95％以上停車しており、近い将来、車載用蓄電池は定置型蓄電池と変わりない機能を有するものになると考えられる。

2016年末の日本の自動車保有台数は8160万台であり、そのうち自家用乗用車は約6100万台であり、1世帯に1台の自家用乗用車がある。これらが全て電気自動車に代わると、蓄電池の容量は膨大になり、常に蓄電しておいて使いたいときに使う新しいエネルギー利用形態に変わっていくことが予想される。

図1.1.6には世界の電動車両（BEVとPHEV）の累積販売台数を示す。日本は第3位であり、中国の伸びが飛び抜けて著しいことがわかる[6]。

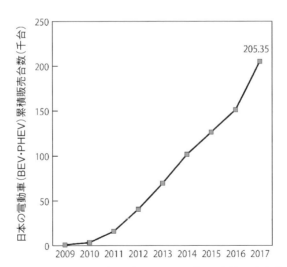

図1.1.5 日本の電動車両（BEV/PHEV）の累積販売台数[6]

電動車の販売台数は着実に伸びている。2017年時で20万台を超える。しかし、日本の自動車保有台数8000万台から比べると、まだ少ない。

第1部　次世代電力システムの在り方と目指すところ

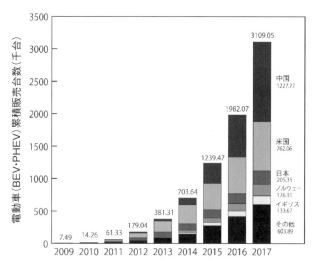

図 1.1.6　世界の電動車両（BEV/PHEV）の累積販売台数[6]

中国での販売台数が急激に伸びており、現在、世界の電動車の 30％を超え、世界第 2 位の米国と大差が付いてきている。

1.2　太陽光発電導入における 4 つのポイント

太陽光発電の特徴として、以下の 4 つが挙げられる。①日中のみの発電であること、②太陽光発電量の予測が容易ではないこと、③分散電源として送電ネットワークの送電容量などの制約が課されること、④火力機の代わりとなる慣性力がないこと。太陽光発電を大量に導入しようとすると、これらに起因して、それぞれ、解決が容易ではない技術的な課題が生じてくる。以下、この 4 つのポイントについてまとめてみよう。

1.2.1　太陽光発電は日中のみ

太陽光発電はたとえ快晴日であっても、その発電は日中のみで発電電力を自在には調整できない。ここでは、この特性による影響について考えてみよう。

1.1.2 項で、政府は 2030 年に太陽光発電が 64 GW 相当まで導入される見通しを想定していることを述べた。この見通しは、現時点で太陽光発電が既に

43 GW 導入されていることを考えると、前倒しで到達すると思われる。2030年には 90～100 GW 相当の導入を想定してもよさそうである。

図 1.2.1 (a) は、太陽光発電が 60 GW 導入された状況での、ある日の日負荷曲線のイメージをシミュレーションにより推定したものである。需要電力にバランスする、すなわち需要電力と同量の電力が火力電源やベースロード電源（原子力発電、水力発電、石炭火力発電など）により経済的に最適な組み合わせで供給されていることを表している。

図 1.2.1 (b) は、太陽光発電が 90 GW 導入された状況を示している。この状況になると、12時前後に、供給電力が需要電力を超える時間帯が現れる。すなわち、太陽光発電が余剰電力となっていることがわかる。ここで注意したいのは、通常、ベースロード電源は発電コストが低く一定電力を供給するのに適している一方で、刻々と変わる需要電力に合わせて発電量を逐一増減

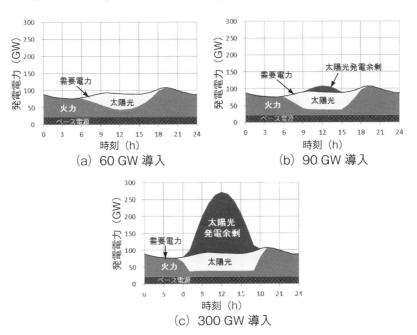

図 1.2.1 太陽光発電の導入による日負荷曲線のイメージ

需要電力と太陽光発電電力が既知であることを仮定した場合に、ベース電源や火力発電などで発電して需給バランスを取っている。90 GW 程度の導入になると、火力発電を急峻な発電要請に備えるために必要となる最低出力で運転したとしても太陽光発電が余ってしまう。

するのには不向きである、ということである。

　一方、石油火力発電、ガス火力発電は、需給のインバランスをその場で調整する調整用電源としても使われる。しかし、一般には発電が開始されるまでに数時間を要するため完全に停止することはしないで、その後の急峻な発電要請に対応するために、継続可能な最低出力まで発電電力を下げて運転している。このため、大量の太陽光発電電力が出力されているときでも、火力発電などの出力を十分に下げることができない。その結果として、太陽光発電からの出力を抑制せざるを得ないというのが現状である。

　1.1 節で述べたように、九州電力エリアでは、既に日本全体への導入量に換算した場合で 70〜80 GW 相当の太陽光発電が導入されており、2018 年 10 月に、需要電力が少なくなる週末に出力抑制が実施された。九州電力では、近年は、揚水発電を需要電力が多くなる昼前後における調整用電源として使う通常の利用方法から、日中の太陽光発電を揚水発電で蓄電して夕方の需要ピーク時に揚水発電により放電する方法に変えてきた。この方法とともに、火力発電などの最低出力運転、本州への送電、大規模蓄電池の利用などのあらゆる取り組みを実施しても、もはや余剰電力を吸収できる能力を超えたため、太陽光発電の出力抑制を開始したわけである。

　さて、日本全体への導入量に換算した場合、90 GW の太陽光発電の導入から更に進んで、その約 3 倍の 300 GW（全消費電力エネルギーの 30 ％相当）まで導入された状況を想定してみよう。その際のイメージが図 1.2.1（c）である。この場合、膨大な余剰電力が生じてしまうことは明らかである。図 1.2.1（c）は、いかに大量の太陽光発電が余ってしまうかを明確に示している。また、それを積極的に活用する、すなわち大規模な「エネルギーシフト」のための技術を開発しなければならないことを教えてくれている。

　このように、全国規模でおよそ 100 GW 以上の導入になると、余剰電力の問題が本格的に浮上してくることに注意しよう。果たして 300 GW 以上の太陽光発電を導入することができるだろうか？　現時点では、その可能性を厳密に論じることは難しいが、少なくとも本書では 30 年以上先の未来において、これを実現することを見据えて、電力システムのあるべき姿について解説していく。

1.2.2　太陽光発電の発電予測は容易ではない

　火力発電は、停止している状況から即座に発電できるものではなく、ボイラーによる高温高圧の蒸気でタービンを回すまでに前日から数時間をかけて準備し、あらかじめ起動しておく必要がある。すなわち、太陽光発電の発電電力量を予測できなければ、太陽光発電の有無に関わらず、需給バランスを維持するために、全ての火力機がいつでも発電できるようにスタンバイしなければならない。結局、コスト削減にはならず、非常に非効率となる。よって、太陽光発電の発電電力量を予測する技術は、太陽光発電を大量に導入するために最も重要な技術の1つと位置づけられる。

　このため、太陽光発電の発電予測技術は、主に、一日先予測から超短時間先予測まで、各種の予測手法が開発されてきている。詳細は第2部の第4章を参照されたい。ここでは、現時点での予測精度がどの程度なのかに焦点を絞り、簡単に解説してみよう。

　快晴や曇天の日の日射量予測は比較的容易である。**図1.2.2**は、1時間分解能で翌日・当日の日射量を予測した結果である。●印は観測値（OBS）、■印は一日先予測（前日9時の予測）、★印は当日予測（朝6時の予測）である。右側の図や中央の図がそれぞれ、快晴時と曇天時の場合に相当する。快晴時は個々の雲の動きや発生・消滅を考慮する必要がない。逆に、雲が厚く覆い被さっている状況、すなわち、曇天時の場合も、個々の雲の動きを考慮する必要がない。そのため、これらの状況では発電予測の精度が高くなる。

　一方、薄曇りの日の発電予測は非常に難しい。図1.2.2の下側の図に、薄曇りの日の予測結果を示す。14時に40％以上で下方向に外れている。このように薄曇りの場合、雲の状況に様々なケースがあるため、現在の予測技術では雲の移動や発生・消滅を緻密に予測することが難しく、外れる場合がある。図1.2.2は、1時間値でのエネルギー値の場合であるが、分単位の短い時間間隔での予測は更に難しい。また、太陽光発電システム単体による発電電力は、雲の小さな変化でも秒単位で上下に大きく変動するため、この場合の予測も非常に難しい。一方、あるエリア一帯で集約した発電電力であれば、いわゆる「ならし効果」により、変動がならされ、比較的予測しやすくなる。

　それでは、現在の技術で、どの程度の精度で発電電力量を予測することができるだろうか？　気象庁が天気予報に用いている数値予報に加え、機械学

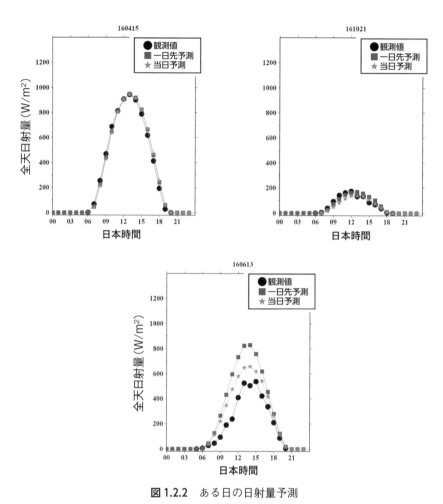

図 1.2.2 ある日の日射量予測

●印は観測値（OBS）、■印は一日先予測（前日 9 時の予測）、★印は当日予測（朝 6 時の予測）の日射量を表す。晴れ（左）や曇り（右）の日は比較的精度が高いが、曇りの日（下）は予測が難しく外れる場合がある。

習を利用した太陽光発電予測技術の場合について見てみる（詳細は 4.3 節の図 4.3.3 を参照）。一日先予測の場合、1 時間の kWh 値で東京電力管内で集約した予測値の精度は、ほとんどの場合で 2 乗平均平方根誤差（標準偏差相当）が数 % 以内に入っている。しかし、まれに 60 % 程度外れる場合がある。1 時間前予測でも、まれに 20 % 程度外れることがある。すなわち、ほとんどは当

たるが、たまに大外れするという傾向が見られる。需給バランスを達成するために、大外れすることを前提に火力発電を常に起動しておくのでは効率が悪い。大外れする確度を前提とした新しい需給バランスの制御方法の開発が望まれる。

まとめると、1 km 四方程度のエリア内の集約した発電電力や、住宅ごとの太陽光発電の発電電力を前日に高分解能で正確に予測するには、革新的な技術の発展が必要である。

1.2.3　分散電源により生じる送配電制約

太陽光発電システムは一般に、太陽光発電モジュール 1 m² 当たり 200 W 前後の小さな発電規模で、標準的な住宅用システムの容量は 4〜6 kW 程度である。そのため、数十万 kW の火力発電相当を担うには大量の発電システムを集める必要があり、代表的な分散電源である。

図 1.2.3 は、千葉県の 66 kV の地域供給系統の送電過負荷イメージを示している。需要電力以上に発電されたり、あるいは、逆に不足する場合には、当該地域内や地域間の連系線を使って、互いに電気を融通し合うことが考え

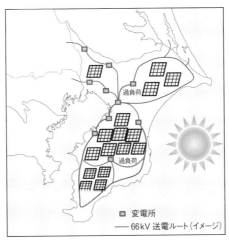

図 1.2.3　地域供給系統（66 kV）のイメージ（千葉県）における送電過負荷
分散電源である太陽光発電によって、地域供給系統のある送電ネットワークに過負荷がかかるイメージを表している。過負荷を避けるための前日計画や当日運用などが重要になる。

られる。しかしながら、送配電ネットワークにおける送電可能な電力は、一般に、通過電流制約、電圧安定性による制約、そして、安定度による制約の3つにより定まる。太陽光発電が大量に導入されると、こうした融通を実施する際に、太陽光発電が分散して設置されているために送電ネットワークを効率的に活用する方法を考える必要がある。

　1.2.1項で述べた九州電力エリアで実施されている太陽光発電の余剰対策では、太陽光発電の出力抑制を実施する前に、まずは火力発電等の出力抑制とともに本州との地域間連携線を使って、他のエリアに電力を融通することもしている。しかしながら、現在の地域間連携線の送電容量は556万kWであり、全ての余剰電力を送電することができない場合がある。それゆえ、太陽光発電自身の出力を抑制せざるを得ない状況になっている。

　一方、配電ネットワークにおいては、逆潮流による電圧上昇の問題がある。**図1.2.4**に示すように、配電用変電所から各住宅につながった配電ネットワークを考える。通常、各住宅には太陽光発電による余剰電力を配電ネットワークに流すことで逆潮流が発生し、配電用変電所から遠い住宅の場合、図1.2.4に示すように、電圧が上がる。101Vから±6Vまでが適正電圧範囲であるため、それを超えると太陽光発電の出力抑制をしなければならなくなる。配電用変電所から遠い住宅だけが太陽光発電の出力抑制をせざるを得ないのは不公平である。このため、各インバータが協調して逆潮流を調整したり、変圧

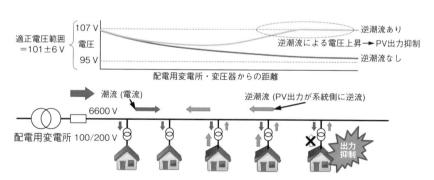

図1.2.4　配電ネットワークにおける電圧上昇問題

ある住宅の太陽光発電による売電により逆潮流が生じると、その配電線の電圧が上昇し、電圧制約のため、同じ配電線につながっている他の住宅の太陽光発電から売電できなくなる状況が生じる。

器などを用いた電圧制御を行うことが重要になってきている。

1.2.4 火力機の代わりとなる慣性力がない

火力発電機では、タービンが回転することによって発電している。そのため、タービンによる慣性力によって、電力系統全体の安定性向上に大きく寄与している。大きなロータが回転している状況を想定してみよう。このロータは一旦回転し始めると、多少の外力が加わっても止まらないことから、系統全体の安定度が高いことはイメージできる。

太陽光発電の導入が進むと、火力発電機は燃料費が割高であることからエネルギーそのものを供給する代わりに、インバランスのための調整用電力として利用されるようになる。その結果、火力発電機が供給する電力は著しく減少する。太陽光発電ではロータを回転させて発電するわけではないので、このことは電力系統全体の慣性力が著しく低下することを意味する。すなわち、安定度が低くなるわけである。

図 1.2.5 に示すように、電気学会が提供する標準モデルであるEAST30に、

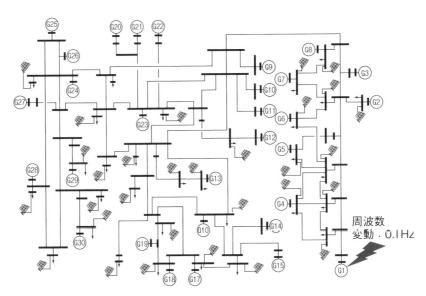

図 1.2.5 電気学会 EAST30 に太陽光発電を組み込んだモデル
電気学会 EAST30 において、電力負荷と同様に太陽光発電電力を一定値で組み込んでいる。

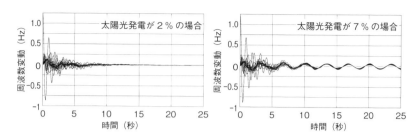

図 1.2.6 回転機系減少による過渡安定度低下のシミュレーション
太陽光発電の導入量をそれぞれ総需要の 2 ％と 7 ％とし，相当する火力発電を利用しなかった場合の初期値応答を見比べると，7 ％の方が大きな動揺が起きることがわかる。

太陽光発電を組み込み，その代わりに，いくつかの火力発電を止めた場合を想定してみよう。**図 1.2.6** は，全火力発電の 2 ％相当と 7 ％相当を太陽光発電に入れ替えた場合で，ある火力発電機に小さな擾乱が加わった際の数値シミュレーション結果である。7 ％相当しか火力発電を太陽光発電の入れ替えを行っていないにも関わらず，周波数変動が大きくなっていることがわかる。

このシミュレーション結果は，太陽光発電の導入が進むと，新たな制御器を組み込むなど全く新しい方法で電力系統全体の安定度を高める必要があることを示唆している。

以上述べてきたように，太陽光発電には，①日中のみ発電，②発電予測が容易ではない，③送配電制約がある，④火力機が有する慣性力がない，の 4 つの課題があり，それらが複雑に絡んで，安定供給や電力売買の問題に関わってきている。

太陽光発電の導入促進により現時点で生じている，その他の問題についても，少し触れておこう。

1.1.2 項で述べたように，固定価格買取制度（FIT）が 2009 年 11 月に始まったが，その期限は 10 年間であり，2019 年より FIT が終了する太陽光発電が増えてくる。この電力はこれまでは一定価格で電力会社により購入されてきたが，今後は電力が不足しない限り購入されない可能性が生じる。そのため，FIT が終了した太陽光発電は，発電事業そのものを取りやめていくことも考えられる。特に，急速に広まった 2012 年以降開始の太陽光発電が 2022 年以降に終了し始めるため，こうした FIT 電力の扱いを今後，制度として，どの

ようにしていくのかは大きな課題である。

　太陽光発電の導入はFITにより順調に促進してきた。今後は、その制度の終了から太陽光発電の利用が安定的に定着していくためのあるべき道筋、いわゆるポストFITのあるべき姿を検討し、その方向に向けた制度などを本格的に整備していくことも今後の重要な課題である。

　また、太陽光発電が大量に導入されると、必要となる火力発電が減少するので、太陽光発電のように不確かさが大きな電源の場合、調整用電源が非常に重要になる。今後、調整用電源を確保するために、その価値を正当に評価する需給調整市場といった新しい市場が必要になってくる。

1.3　太陽光発電のスマート基幹電源化

　1.2節で太陽光発電を大量導入する際の技術的課題についてまとめた。これらの技術的課題を解決し、こうしたエネルギーを有効に活用していくためには、電力システムにどのような要件を課す必要があるだろうか？

　ここで注意したいことは、2013年の電力システム改革の内容は、新しい電力システム構造に改革していくための枠組みを提供したに過ぎない。したがって、太陽光発電が実際に大量に導入された状況までを見据えて次世代電力システムが有するべき要件を明確にしているわけではない。そこで、本節では、図1.3.1に示す以下の4つの要件を提案する。

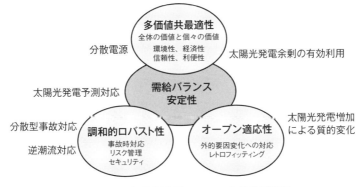

図1.3.1　太陽光発電のスマート基幹電源化
太陽光発電の大量導入を実現するために、次世代電力システムが有するべき4つの要件。

①需給バランス維持と安定な電力供給（需給バランス・安定性）
②電力系統全体の価値と個々のユーザーの価値の共最適性（多価値共最適性）
③発電予測の下でのリスク管理やセキュリティ・事故時対応（調和的ロバスト性）
④外的要因によるシステムの変化・進化に対するフレキシビリティやレトロフィッティング（オープン適応性）

上記①の需給バランスや安定な電力供給は、必要不可欠な要件である。一方、その他の②〜④は、①の需給バランスや安定供給を実現することを前提に、太陽光発電特有の課題に注目した際の要件である。

まず②の多価値共最適性は、太陽光発電が分散電源であることに起因する要請であり、各需要家（ユーザー）の効用（経済性や快適性などの個々の価値）と電力系統全体の価値（CO_2削減といった環境性における社会的価値など）を共に最適化することを指す。

③の調和的ロバスト性は、予測誤差による周波数変動に対するレジリエンス（回復力）といったものに加えて、太陽光発電という分散電源の増加に伴う事故発生数の増大時の緊急時対応やセキュリティ対応が考えられる。この際、最悪ケースを想定した対応では一般に保守的になってしまう。統計的な観点も加えることにより、最悪ケースと信頼度を調和して使い分けたロバスト性を保証する仕組みを要求している。

最後に、④は太陽光発電導入による電力系統全体の変化に対応できる能力を表している。1.2.4項で述べたように、火力発電の減少により電力系統全体の慣性力が低減していくが、どのように電力系統全体の性質が変化しても、安定供給を維持しなくてはならない。また、太陽光発電はどの場所でも設置されるが、送配電ネットワークの空き容量や電圧上昇、そして事故時などにおいて適応的に対応する必要がある。この性質を、未知の環境変化や進化に対応できる適応性という意味で本書では「オープン適応性」と呼ぶ。

このように、これら4つの要件を満たす電力系統の制御システムを実現することを、本書では太陽光発電のスマート基幹電源化と呼ぶ。

1.4 次世代電力システムに向けて

　次世代電力システムは、どのような枠組みで構築されるであろうか？　まずは、次世代電力システム像を簡単にまとめてみよう。

(1) 消費者からプロシューマへと役割が大きく変わる需要家（ユーザー）

　　　多くのユーザーは、太陽光発電が大量に導入され、電力消費だけでなく電力生産も行うプロシューマ（プロデューサとコンシューマの両方の機能を有する者）となる。各ユーザーは規模が小さいため、蓄電池を所有していたとしても太陽光発電の状況などによっては計画どおりに電力売買が行えるとは限らないし、そもそも下記に述べる電力市場への影響力がない。そのため、ちょうど保険のリスク低減の場合と同じように、電力売買を取りまとめるアグリゲータと契約し、そこを通じて電力売買を行う。

(2) 小さな電力を集約するアグリゲータ・バランシンググループの登場

　　　需要家を取りまとめる小売事業者や、メガソーラや小型火力発電などを取りまとめる発電事業者が新たな役者として登場する。需要家への小売の役割に加えて、プロシューマからの余剰電力の買取、需給電力の集約・融通、調整用電力の集約といった機能を担い、自ら制御可能な電源を所有して電力需給のインバランス発生を抑制する、といった機能も担う。また、複数のアグリゲータや電気事業者はグループを形成し、電力市場に参加し、インバランス算定単位として協調的に需給を調整・融通することで、インバランスの発生を抑制するようになる。これをバランシンググループと呼ぶ。

(3) 様々な業界が様々な形で参加する市場取引へ

　　　バランシンググループは、電力市場などを通して、様々な形態で売買取引するようになる。電力市場は、現在、電力エネルギー（kWh）の市場取引が行われている。これはエネルギー市場（kWh 市場）と呼ばれ、スポット市場（前日市場）や時間前市場（当日市場）がある。そこでは、前日や1時間前での市場取引のため、30分ごとの計画値同時同量（30分間のエネルギー値でどの時刻にどの量を取引するか）での市場取引を行う。一方、需給調整力（ΔkW と呼ぶ）を取引する市場として需給調整

市場（ΔkW 市場や調整力市場とも呼ぶ）が 2021 年をめどに整備され、今後は、市場の価格シグナルを通じて、需給バランスや安定性に資する適切な市場参加者の行動を促す役割を担うことが期待される。

(4) 新しい電力供給構造に適した系統制御と配電制御

系統制御とは、電力系統全体を安定的に運用するための制御である。平常時・緊急時の需給バランスを維持するための需給制御と、送配電ネットワークの潮流状態（電力の流れ、電圧、安定度など）を適切な範囲に維持するための潮流制御の 2 種類がある。今後は、太陽光発電予測を活用して、電力市場およびバランシンググループと連携して前日計画から当日運用まで効果的に需要電力とバランスする電力を逐次供給していく需給制御や、送電混雑を適切に緩和する潮流制御が求められる。

一方、配電制御とは、電力系統の末端に位置する配電系統を安定的に運用するための制御である。需要家に最も近い部分に当たり、公衆の安全を考えて電圧（日本では 101 ± 6 V）が決められていることが特徴である。住宅用太陽光発電は配電系統に接続されるので、新しいタイプの電圧制御が必要となる。

このように、次世代電力システムでは、電力市場、バランシンググループ・アグリゲータ（BG/AG）、太陽光発電（Photovoltaics、略して PV）予測、系統制御、配電制御が主要な技術となる。これらの 5 つの技術に沿って、太陽光発電のスマート基幹電源化に向けた 1 つのシナリオを、**図 1.4.1** を用いて紹介してみよう。

横軸に太陽光発電の導入量を、縦軸に 5 つの技術を記載している。太陽光発電の導入量は、64 GW から 100 GW までの時期、100 GW から 200 GW までの時期、200 GW 以上の 3 つの時期に分けて考える。各マスの内容は、上段に「技術課題」、下段に「実現できる価値」を示す。

まず、太陽光発電の導入が 64 GW から 100 GW までの時期について述べる。この時期にはエネルギー市場と需給調整市場を適切に共最適化（kWh と ΔkW の両方を適切に、かつ、同時に最適化）する技術が重要となるであろう。さらに、発送電分離や小売りの全面自由化により、住宅のような小口需要家の小さな太陽光発電電力や需要電力を集約することで、小口需要家が所有する太陽光発電の不確かさをならし効果で吸収し、市場への参加やその集団によ

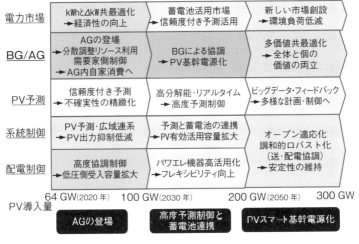

図 1.4.1　太陽光発電のスマート基幹電源化のシナリオ

縦軸に5つの主要技術、横軸に太陽光発電（PV）の導入量を取り、各マスの内容は、上段に「技術課題」、下段に「実現できる価値」を示す。太陽光発電のスマート基幹電源化に向けた技術課題と対応する技術による価値を記載している。

る融通によって電力を有効に利用することを可能にする「アグリゲータ」が登場し始める。

　一方、太陽光発電予測では、1.2.2項で触れたように、大外れに対応するために、信頼度付き区間予測（区間予測）の技術開発が重要である。系統制御や配電制御では、太陽光発電予測を活用した広域連系や潮流・電圧制御、従来機器とインバータの高度協調制御によって、太陽光発電の出力抑制や低圧側受入れ容量の拡大へとつながる。

　次に、太陽光発電が100 GWから200 GW導入される時期は、高度予測制御と蓄電池連携が重要な課題となる。このレベルの導入量になると、1.2.1項で述べたように、余剰電力が本格化するため、蓄電池との連携が市場や系統制御において必須となる。また、太陽光発電予測は時間と空間において共に高分解能化、高精度化し、また契約する需要家の規模が大きくなり、インバランスを補償しにくくなったアグリゲータは発電事業者と連携し、バランシンググループを形成する。その結果、太陽光発電を用いて電源・需要・蓄電池を協調する技術の実現が必須となる。配電制御では、太陽光発電予測を用いると

ともに、各種需要家のエネルギーマネジメントシステム（Home EMS, Building EMS, Factory EMS, Community EMS など様々な Energy Management System があることから xEMS と称す）と連携し、また、同期化力インバータの自律制御により事故時対応や緊急時系統独立といった機能を実現する。

最後に、200 GW 以上の太陽光発電が導入される時期では、いわゆる電力エネルギーは超安価となり、ガス、熱エネルギー、移動エネルギーなどと連携したマルチエネルギー市場など新しい市場が創設される。また、バランシンググループの下で、環境性や経済性だけでなく様々な価値の共最適化が実現され、環境負荷が大幅に低減される。

一方、太陽光発電予測も多様なセンサとビックデータを用いて、かつ、予測結果をフィードバックすることで制御への利用価値を高める。系統制御は、新しい周波数調整方式を確立し、オープン適応化を実現する。配電系はメッシュ化し、またマイクログリッド化していき、創電ネットワークとしてのフレキシビリティが向上し、主体ごとの多価値共最適化が実現される。

こうして、太陽光発電のスマート基幹電源化が実現されるであろう。

参考文献

1) 資源エネルギー庁：電力システムに関する改革方針（2013）
2) 日本電気協会新聞部：電力システム改革（2015）
3) 資源エネルギー庁：固定価格買取制度 2018：https://www.fit-portal.go.jp/PublicInfoSummary
4) International Energy Agency：IEA PVPS Trends（2018）
5) 経済産業省 蓄電池戦略プロジェクトチーム：蓄電池戦略（2012）
6) International Energy Agency：IEA Global EV Outlook（2018）

第2章

IoT/AIによるスマートアグリゲーション

> 第1章で述べたように、電力システム改革によって、電力システムに関わる事業者や電力を使用する需要家等の役割は大きく変わってくる。本章ではまず、電力の様々な側面の価値に焦点を当て、電力システムに携わる事業者がどのように変わっていくのかを述べる。次に、次世代電力システムの中心的役割を果たすとされている「アグリゲータ」と「バランシンググループ」の役割を明らかにしていく。最後に、「アグリゲータ」をシステム、特にIoTの視点で眺め、その機能や役割を明らかにしていく。

2.1 想定する電力システムの未来像

　まずは、第1章で少し触れた、電力システム改革によってもたらされる電力市場の在り方についてまとめてみよう。日本国内では太陽光発電をはじめとした分散電源の大量導入とともに、従来、一般電気事業者が担ってきた、発電・送配電・小売という機能が、発電事業、送配電事業、小売事業に分けられる。それとともに、卸電力取引所（電力市場）が創設され、自ら発電機を所有する発電事業者や、需要家と契約し電力を販売する小売事業者は、相対契約の他、電力市場を通じて電力を売買する仕組みが構築されつつある。

　電力市場では、各事業者は主にスポット市場（前日市場）と時間前市場（当日市場）において、30分ごとの計画値により取引を行う。スポット市場では前日10時までに翌日の48時間帯について入札を行う。一方、時間前市場では時間帯ごとにその1時間前までに入札を行う。当日受渡し時間帯においては、各事業者は発電や消費を計画値に一致させることが求められ、これを

計画値同時同量と呼ぶ。計画値からの逸脱はインバランスとなり、一般送配電事業者が過不足分を調整するとともに、インバランス料金にて精算される。

それでは、このような枠組みの下で、太陽光発電の大量導入と小売りの自由化が進んだ将来の電力システムはどのように変わるのだろうか。ここでは、日本における具体的な制度設計や市場設計の議論を見据えつつ、世界的な潮流を交えながら、その方向性を考えてみよう。

2.1.1　変化する電力へのニーズ

電力は我々の文明を支える基幹エネルギーの1つであり、需要家の視点では、安定供給が達成されている限りにおいては、より安価であることが求められてきた。

しかし近年、ESG投資に見られるように、世界の投資家はその社会的責任として投資先となる企業の活動について、その財務指標だけでなく、環境（environment）、社会（social）、企業統治（governance）にどの程度配慮しているか、という視点で企業活動を評価するようになってきた。また、企業においても同様に社会的責任として、これらに配慮する企業が増えてきている。中でも環境面においては、国際的な環境NGOによる取り組みであるRE100に見られるように、企業はその活動において100%再生可能電力を使うことを目標に掲げている。既にそれを達成していることを報告する企業も増えてきており、再生可能電力の利用拡大においてRE100の影響力は世界的に高まってきている。このような背景の下、電力はそのエネルギーとしての価値のみならず、環境負荷が少ない、地球温暖化への影響が少ないという環境価値が求められるようになってきた。

一方、近年日本においても台風や大雨、地震といった自然災害により、大規模な停電が発生する事例が見られるようになってきた。企業ではその事業継続性において、また一般住宅などでも災害時の自立電源として、太陽光発電や蓄電池を組み合わせたシステムへの需要が高まってきている。

2.1.2　多様化する電力の価値

電力システム改革が進む中、安定供給を行う上での電力の価値も、電力へのニーズと同様に多様になってきている。電力市場を中心とする電力取引で

は、発電や小売といった各事業者にとっては30分ごとの計画値同時同量の達成が需給の一致における基本となる。

すなわち、電力システムにおける需給バランスの維持において、計画値同時同量の下では30分以上の時間での需給調整は主に市場が担うことになる。その一方で、送配電事業者は計画値からの逸脱、すなわちインバランス発生時の需給調整用に電源を確保しておく必要がある。それに加え、30分以下の需給調整にはより瞬動性の高い調整力を確保しておく必要もある。調整力はその応答時間、変化幅、継続時間などによって様々に定義され、初期には送配電事業者による直接保有から公募調達を経て、将来的には需給調整市場（調整力市場ともいう）での調達が想定されている。

このような状況下では、電力または電源は、エネルギーとしての価値（kWh価値）に加えて、需要に対して発電することができる能力、すなわち電源容量の供給力としての価値（kW価値）、短時間で需給調整できる能力としての調整力価値（ΔkW価値）、また先に述べた環境価値（非化石価値）など、多様な価値を持つようになる[1]、[2]。**図2.1.1**にはこれらの価値をまとめた。

エネルギーとしての価値（kWh価値）	実際に発電され使用される電気
供給力としての価値（kW価値）	必要なときに発電することができる能力
調整力としての価値（ΔkW価値）	短時間で需給調整ができる能力
環境価値・非化石価値	低炭素・脱炭素電源により発電された電気に付随する環境価値

図 2.1.1　多様化する電力の価値

「今後の市場整備の方向性について（案）」[1] でも示されたとおり、今後、電力の価値はエネルギーとしての価値だけではなく、様々な価値を持つようになる。

2.1.3　需要家はプロシューマへ

　電力の需要家、特に家庭部門となる住宅等では、安価になった太陽光発電機器によって自身の住宅屋根において発電し、その電力を利用することが経済的に合理的な選択肢の1つになってきた。今後も、住宅用太陽光発電システムの普及は進むことが想定され、電力の需要家は消費するコンシューマから発電するプロデューサとしての役割も持つようになり、プロシューマ化が進んでいくであろう。将来的には蓄電池の普及も進み、日中の余剰電力の有効活用に加えて災害時に自立電源として活用したり、さらにはIoT/AIと組み合わせて、調整力として価値と利益を生み出すようになることが期待されている。

2.1.4　小売事業者はアグリゲータへ

　これまで見たように、将来の電力システムでは、電力の環境価値へのニーズと、電力システムにおけるエネルギー以外の価値、特に調整力の重要性が高まるとともに、需要家のプロシューマ化が進んでいく。そして、超大規模・分散的に存在する個々のプロシューマの持つ電力機器、すなわち需要、発電、蓄電といった機器は、個々にIoT技術によって計測されネットワークに接続される。そして、AIにより需要や発電が予測され、蓄電機器が最適に運用され、エネルギー供給のみならず再生可能エネルギーの有効利用や調整力といった価値を生み出していく。

　しかし、このような大規模・分散的なシステムにおいて、全ての機器を集中的に制御することは、その通信量や計算量から考えると現実的ではない。そこで、アグリゲータと呼ばれる、市場と需要家の中間に位置するプレイヤーによる集約と計画が想定される。アグリゲータは需要家への電力の販売、余剰電力の買取に加えて調整力となるディマンドレスポンス（Demand Response、DRと略す）などを集約する役割も担う。

　このような変化を需要家から市場への視点で眺めてみよう。需要家はプロシューマとなって需要・発電・調整力を持つようになり、アグリゲータがそれを集約する。個々のアグリゲータは、単独または複数のアグリゲータや小売・発電事業者とともにバランシンググループを形成し、バランシンググループ単位で、kWh価値やΔkW価値、環境価値をそれぞれの市場において取引

する。一方で、市場側から見たkWh価値の計画値同時同量取引では、バランシンググループ単位において計画値同時同量制御が行われるとともに、インバランスの算定が行われるようになる。

次節以降では、これらの要素と機能について、具体的な例を交えて考えてみたい。

2.2 アグリゲータの登場とバランシンググループ

まず、電力システムにおけるプレイヤーを、従来の枠組みに合わせて「小売事業者」、「発電事業者」、「送配電事業者」と整理する。その上で、①電力システム改革、特に電力小売自由化と、②再生可能エネルギーの固定価格買取制度による太陽光発電の普及拡大と価格低下、そして③今後の太陽光発電電力の買取期間の終了に伴う太陽光発電システムの使い方の変化（ポストFITと呼ぶ）、の3つの変化を背景にして、アグリゲータについてより具体的に考えてみる。

ここでは、アグリゲータを「集約する」という機能を持つ電気事業者、あるいはエネルギーサービス提供者と捉えることとする。

2.2.1 アグリゲータと小売事業者・発電事業者の違いは？

電力システム改革において小売が自由化されたことにより、多くの小売事業者が登場した。小売事業者は、卸電力市場のなかでも前日市場となるスポット市場と時間前市場において30分ごとのスポットで電力を調達（これを計画値という）し、当日・当該時刻に需要家に電力を販売する他、発電事業者との相対契約によっても電力を調達する。

一方、需要家やプロシューマのレベルでは、太陽光発電などで発電した電力の余剰分が発生する他、蓄電池やIoT/AI、HEMSなどの普及拡大により調整力を持つようになる。我々の考えるアグリゲータはこれら全てを集約し、自らのサービス提供者（すなわちプロシューマ）に対して電力の販売と買取、およびDRの集約を行う。アグリゲータ内での発電と需要のバランスにおいて、需要が上回るときはスポット市場において小売事業者として電力を買う側になり、発電が上回るときには発電事業者として電力を売る側になる。いずれの

時間帯も、自らのサービス提供者内で発電と需要をマッチさせることで、発電電力の買取と集約、および需要の集約と電力供給を行う。それとともに、プロシューマ側にある調整力を集約し、DRを行うことにより調整力を創出し、取引を行う。

一方、発電事業者は自ら電源を所有し、同じくスポット市場および時間前市場において各スポットにおける発電量を計画し、当日はその計画値どおりに発電する。さらに、小売事業者・アグリゲータとの相対契約によっても電力を供給する。**図 2.2.1**には、典型的な小売事業者、発電事業者とアグリゲータのイメージを示した。

実際には、アグリゲータはプロシューマを集めるだけでなく、自ら発電機を所有してインバランスの発生を減らしたり、再生可能エネルギー発電事業者や小規模な発電事業者からの電力の買取・集約なども行うことが想定される。また、市場との取引におけるインバランスの算定は個々の事業者・アグリゲータの場合もあるものの、多くは次項で述べるバランシンググループにおいて行われる。

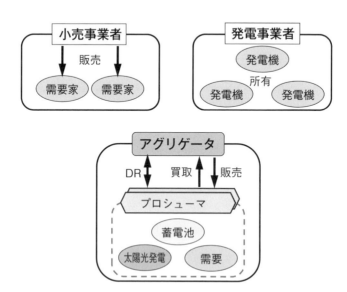

図 2.2.1　従来の電気事業者とアグリゲータの違い
アグリゲータは主としてプロシューマに対して電力の販売と買取、およびDRの集約を行う。

2.2.2 バランシンググループとは？

　小売事業者、発電事業者、アグリゲータ、いずれの場合も、当日、計画値からの逸脱はインバランス料金で精算されることから、経済的デメリットとなる。したがって、計画値どおりに供給または発電することが望ましいが、需要・発電ともその規模が小さいと当日の不確実性が相対的に大きくなる。そこで、インバランスを算定する単位として、1つの事業者・アグリゲータだけでなく、複数の事業者やアグリゲータがグループを形成し、このグループ全体で計画値同時同量の達成を目指すことが考えられる。インバランス発生時には、そのコストをグループ内で分担することで、インバランス発生に対するリスクを減らすことができる。このようなグループをバランシンググループと呼ぶ。

　小売事業者のみからなる需要バランシンググループや発電事業者のみからなる発電バランシンググループに対しても、我々は小売、発電のいずれかではなく両方の機能を有していると考える。すなわち、時間帯によってその両方になりえるアグリゲータや発電・小売事業者の集まり（グループ）として、需給バランシンググループを考える。ここでは、お天気まかせの太陽光発電や自由気ままな電力需要だけでなく、バランシンググループを取りまとめる事業者が自ら従来型の発電機を所有し、実際の需給と計画値との差を補う調整役として活躍したり、このような機能を蓄電池により供給したりすることも含まれる。

2.2.3 様々なニーズに対応する小売事業者としてのアグリゲータ

　ライフスタイルに合った時間帯別電気料金や使い放題プラン、低炭素電力に対するニーズに加え、他のサービス（通信やケーブルテレビなど）と組み合わせたセット割引など、電気を使うことに対する様々なニーズに対応するきめ細やかな小売事業が期待される。アグリゲータは、一人一人のニーズを「集める」小売事業者として、この期待に応える様々なサービスを提供する。

（1）太陽光発電は売電から自家消費へ

　固定価格買取制度の後押しを受けて普及が進む太陽光発電は、当初のもくろみどおり順調に価格低下が進んでいる。今後は、売電収入をインセンティブとした導入促進の時代は終わり、安い太陽光発電を自分で使うことで高い電気を買わなくてもよくなる、という自家消費が主流になっていくと考えられ

る。とはいえ、晴れた日の日中に多く発電する太陽光発電と、一般的な住宅に住む電力消費者（需要家）の電気の使い方は必ずしも一致していない。そこで、蓄電池が家庭にも徐々に普及していくであろう。しかし、多少の蓄電池があったとしても、1年を通してみると日中は電気が余る、夕方から夜間には電気が不足する、といったことが頻繁に起こる。このようなとき、各家庭で大容量の蓄電池を導入したり、太陽光発電に合わせて電気の使い方を無理に変更する必要のない状況が望ましい。

これを可能にするのがアグリゲータの役割で、様々な電気の使い方をする需要家を集め、また蓄電池などの余力を集めることで、無理なく電力の需給を調整する。不足分についてはアグリゲータ自身の発電や市場からの調達で補い、余剰分については市場に売ることで、収益を上げることができると期待されている。

（2）再生可能エネルギー発電と需要をマッチさせる電気事業者としてのアグリゲータ

RE100といった再生可能エネルギーに対するニーズに対して、再生可能エネルギー発電事業者をつなぎ「集める」事業者としてのアグリゲータの活躍が期待される。固定価格買取制度の終了後は、太陽光の買取り価格が安くなる、あるいは、日によって大きく変動することが想定される。安定的に再生可能エネルギー電力を購入するニーズを集め、再生可能エネルギー発電とマッチさせることで、双方にとってメリットのあるサービスの提供が可能となる。

（3）不確実な太陽光発電を集めて確実なものとするアグリゲータ

お天気任せに発電する太陽光発電は集約することにより、いわゆる「ならし効果」によって、その変動が小さくなり、予測しやすくなる。さらに、これに従来型電源や蓄電池を組み合わせることで、計画値どおりに発電する確実な太陽光発電が実現可能となる。

（4）調整する能力を集めるアグリゲータ

自由化が進み、太陽光などの再生可能エネルギーが大量に普及した将来の電力システムでは、前項で示したように需要と供給のバランスを調整する能力が不足することが懸念される。これは、調整することが得意な従来型電源を稼働させるには燃料が必要なことに対し、太陽光は日が出ている限りは燃料費なしで発電できるためである。

ある時間帯に注目したとき、太陽光の発電量を最大限にするための追加費

用がゼロに近い（これを限界費用がゼロに近い、という）ため、電力市場において太陽光が多くの需要を賄ってしまうことになる。その結果として、従来型電源を稼働させておくのに十分な需要（燃料費を賄えるだけの売り先）が確保できなくなる可能性がある。そこで、蓄電池を調整役として使ったり、需要を時間的に動かして需給を調整するDRを活用したりすることが期待されている。このような「調整する能力」を集め、確保し、必要に応じて提供することもアグリゲータに期待される機能である。

2.2.4　従来の電気事業者はどうなるのか？

　これまで述べたような太陽光発電の大量導入とアグリゲータの活躍が進んだとき、従来の電気事業者はどうなるのであろうか。結論からいうと、大きくは変わらないが、その役割は広がっていく、ということが予想される。一般電気事業者は送配電部門の法的分離（詳しくは第6章で述べる）により、発電事業と小売事業は送配電事業とは切り離される。

　従来の供給責任やユニバーサルサービスは送配電部門が担うことになり、発電・小売事業者として電力を作り、需要家に販売する機能を担うとともに、先に述べたアグリゲータとしての役割も担っていくであろう。以前より発電と小売の機能を持っていた、いわゆる新電力も同様であり、これまでの役割に加えて、アグリゲータとしての役割も担っていくものと思われる。

2.2.5　電力システムは誰が維持するのか？

　これまで、スポット市場による計画値同時同量の下、30分ごとに需給を調整するアグリゲータやバランシンググループを考えてきた。しかし、電力システムを常に一定の周波数で安定的に維持するためには、もっと短い時間での細やかな需給調整が必要である。その具体的な制御は7.1節で詳細に解説するが、このような調整には必要かつ十分な量の「確実に調整できる電源」を常に用意しておく必要がある。そして、その調整も応答時間、変化幅、継続時間など要求は様々である。現在の電力システム改革では、必要な調整力は送配電事業者が確保することとなっており、将来的にはこれも需給調整市場（調整力市場）を通じて調達することが想定されている。ここでも、当面の間活躍するのは従来型の火力機などの電源であろう。

世界に目を向けると、電力システムの自由化と再生可能エネルギーの導入が進んだ国では、先に述べたように電力量としてエネルギーを供給するよりも、このような調整力を供給することが、従来型電源に求められるようになってきている。

一方、多様化する電力の価値を流通させるネットワーク、すなわち送配電系統に目を向けると、エネルギーとしての価値については、従来どおり電圧管理や潮流制御により、安定的かつ効率的に電力を流通させる必要がある。これは引き続き送配電事業者の役割となり、その費用は託送料金として回収される。また、Δ kW 価値は調整することができる能力であり、その能力が使われなければ流通するエネルギー量はないものの、逆に必要になったときにそのエネルギーを流通させられるようにネットワークを維持しておく必要がある。しかし、環境価値の場合は電力と切り離して考えることができ、この場合は情報として流通すればよい。そのため、取り扱える量や、その流通ネットワークの情報量当たりの維持コストは、電力ネットワークに比べて格段に安くなるであろう。近年、ブロックチェーン技術を用いた環境価値取引なども注目を集めており、この分野の進展が期待される。

Δ kW 価値についても、価値の取引自体は、どこに、どのくらいの容量の、どのくらい調整できる機器があるか、といった「情報」による取引が可能である。このような特徴から、需要家側やプロシューマ側のリソースを使ったバーチャルパワープラント（VPP）の実現に向けた制度設計や研究も活発に行われている。しかし、実際にこの調整力を利用する場合には、電力ネットワークの制約を考慮する必要がある点には注意が必要である。

2.2.6　スマートアグリゲーションは何をもたらすか？

太陽光発電を電源として見た場合、その予測が難しく、変動するという特徴を持っている。その一方、面的に広がっているため多くを集約することにより「ならし効果」が期待され、出力変動が平滑化されるとともに、予測不確実性も低減される。さらに、AI を用いた予測技術の進展により、アグリゲータは高度な太陽光発電予測を組み合わせて、再生可能エネルギーを無駄なく利用可能な翌日の発電計画を作成するようになる（予測に関する詳細は第 4 章で述べる）。

当日運用においては、予測外れに対応し、計画値同時同量を達成しインバランスの発生を極力抑えることがアグリゲータの役割となる。個々の需要家レベルで多様化する電力へのニーズに対して、アグリゲータはきめ細やかなサービスを提供する。また、多様化する電力価値に対しても、アグリゲータが調整力を創出し集約することで、市場での取引を可能とする。

 エネルギーの流通においては、従来どおり電力ネットワークの制約を考慮する必要がある。この点において、より経済的・効率的な流通を目指した計画値の作成や調整力の確保を行うのもアグリゲータの役割となろう。さらには、非常時において重要施設に安定的に電力を供給したり、大規模電力系統から切り離しても電力供給可能なネットワークの構築も期待される。

 これらのアグリゲータと需給バランシンググループから成るスマートアグリゲーションの構造と役割を**図 2.2.2** に示す。スマートアグリゲーションを1つのシステムとして捉えた場合、「何を集めるか」、「どう動かすか」、「何を外に出せるか」という視点で集約と予測・計画・制御、価値の創出を捉えることになる。次節では、こうした視点で、より詳細に見てみよう。

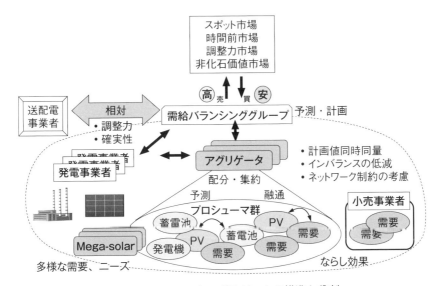

図 2.2.2　スマートアグリゲータの構造と役割

スマートアグリゲータは、プロシューマを集め、他のアグリゲータや電気事業者とバランシンググループを形成し、相対または市場を通じて電力の様々な価値を売買する。

2.3 アグリゲータを IoT の視点で見ると

前節では、アグリゲータやバランシンググループの役割とスマートアグリゲータがもたらすサービス（社会的価値）について述べてきた。本節では、アグリゲータをシステム、特に IoT（Internet of Things）の視点で眺めてみよう。

2.3.1 アグリゲータの諸側面をシステムの視点で見ると

前節で述べたように、太陽光発電などの再生可能エネルギーが導入された電力システムにおいては、「アグリゲータ」は様々な役割が期待されている。ここでは、これらをその機能に注目してシステムの視点で整理してみよう。

「アグリゲータ」はその言葉のとおり「集約機能」という役割を担っていることは間違いないが、単に集めただけでは社会に価値をもたらすことはできない。集めたものを適切に分配するという「分配機能」とがセットとなって初めて意味を持つ。

ここで、適切に分配するという意味は、需要側に立って必要なときに必要なだけ分配するということである。この「適切に」という言葉は「集約」にも当てはまり、供給側に立って適切に集約することが必要である。この集約と分配の2つの機能を併せ持ったアグリゲータは、当然のこととして、発電事業者であり同時に小売事業者でもあることになる。

それでは、この2つの機能を効率的に行うには、どのような機能が必要か、ということについて考えてみよう。例えば、集約と分配がそれぞれ独立に最適化されたとしよう。このとき、需要と供給の時空間分布が完全に一致しているならば、集約と分配を独立に行っても問題は生じない。しかし一般には、これらは一致せず、需要と供給の時空間分布のバランスを取る機能が不可欠となる。

これを供給側だけで行う（すなわち、需要側時空間分布は変えない）とすると、蓄電池等の何らかの蓄電要素の導入が必要となる。システムの機能で言えば「貯める機能」である。蓄電池は一般には動かすことができないので、供給の時間シフト機能は有するが、空間シフトの機能は持たない。将来的に

は、1.1.4項で述べたように、電気自動車の普及とV2G（自動車のバッテリに貯められている電力を電力システムに入れる）技術の導入により、電気自動車の蓄電池は少量であり移動の制約は強いものの、時間と空間の両方のシフト機能を持つ要素として、その有効利用が期待される。

空間シフトには、一般的には送電線の利用が必要となる。しかし、再生可能エネルギーの導入により、これまでの電力システムと異なり双方向の流れが生じ、高度な潮流制御が必要となる。特に、太陽光発電では、天候による発電量の変動が大きく、その影響が無視できない状況にある。したがって、蓄電池の導入だけで解決できることは限定的となり、太陽光発電量予測とそれに基づいた制御の高度化が必須となる。

一般的に言えば、各時空間スケールで集約と分配の調整を適切に行う機能を備えておくことが必要不可欠である。そのためには、様々な形態の時間シフト要素と空間シフト要素を適切に組み合わせることを可能とする先端の予測・制御技術の開発が望まれる。それと併せて、マス効果による解決の道も考えられている。これが、前節で述べた需給バランシンググループの登場する理由である。小さい事業主だけで、リアルタイムで調整を行える幅は非常に限定的である。複数のアグリゲータがグループを構成することにより、その幅を広げることができ、その結果として、量的な側面だけでなく、リスク回避などの運用面においても格段の柔軟性を提供することが可能になる。また、蓄電池の共有などの設備投資の効率化にもつながる。

しかしながら、いくら予測・制御技術が発展したとしても、またマス効果を狙ったとしても、供給側だけでアンバランスを調整することは非常に困難である。ここで登場するのが、需要側の時空間分布の変更を可能とする「市場」である。市場メカニズムの導入により、供給と需要の時空間分布の調整の可能性が大きく向上する。したがって、アグリゲータと市場とは切っても切れない関係となってくる。

この市場も、単に1つ存在すれば十分とは言えない。特に、太陽光発電の発電の不確実さ（発電量の予測の難しさ）に供給側の時空間分布の変動が、発電量の予測精度に大きく依存するからである。このことは、発電量の予測の信頼度が大きな社会的価値を持っていることを意味し、それが複数の市場形成（スポット市場・時間前市場・需給調整市場など）を生むことにつなが

っている。この市場の価値は、単に予測だけに依存するだけではない。先に述べたように、いかに適切に需要に応じた対応ができるかが価値であるので、短時間で調整可能な「調整力」の機能もアグリゲータの重要な役割の1つとなる。これには、異なる時空間スケールでのバランスを取ることができる制御システムの開発が不可欠である。

以上述べたように、アグリゲータの役割、すなわちアグリゲータに必要とされる機能は非常に多岐にわたっており、電力システム、それを支える予測・制御システム、社会に真の価値をもたらす市場メカニズムが調和した形で連携するシステム設計が必要不可欠となっている。

以降では、IoTから出発して、アグリゲータを主役に据えた次世代調和型電力システムの姿を探ってみる。

2.3.2　IoTをシステムの視点で見ると

近年、様々な分野でIoTの時代と言われており、IoTをSociety 5.0の実現のキーワードの1つと捉えるのは極めて自然である。しかし、その捉え方は非常に多様であり、ただ漠然とIoTと言っただけでは、ほとんど意味をなさない。本項では、IoTをシステム、特に制御の視点で捉え、IoTの視点での「アグリゲータ」の理解につなげていきたい。

IoTの1つの理解はCyber-Physical Systems（CPS）の拡張であり、IoTを多様なネットワークで構成される複雑・大規模なシステムを対象とするCPSとして捉える見方である。CPSとは、物理世界（Physical World）、すなわち実世界、とサイバー世界（Cyber World）からなるシステムのことである。

CPSの発端は、2006年に開催されたNSFワークショップでのE. A. Leeの提唱[3]で、その後世界的な広がりを持って発展してきた。CPSの対象が主として人工物であったのに対し、IoTは人工物だけでなく人も含めて様々な「モノ」が相互に作用している大規模なネットワークシステムを対象とした概念である。また、様々な世界規模の社会的課題の解決を視野に入れており、社会システムをターゲットに置いている点がオリジナルなCPSとの大きな違いである。

この様子を図示したのが**図 2.3.1**である。対象となる実世界は物理ネットワークだけでなく、人間（個人）の作るネットワーク（グループ・コミュニ

ティ・組織など)や経済ネットワーク(市場など)など様々な種類のモノのネットワークが相互に作用した複雑・大規模系である。一方、サイバー世界は、①実世界の現状認識から始まり、②学習を利用した実世界の将来状態の予測、③それに基づいて実世界が望みの状態になるような意思決定、の3つの処理から構成されている。そこでは当然のこととして、AI(人工知能)を中心とした最先端情報技術を駆使することになる。

ここで見落としてはならない重要なポイントが1つある。それは、実世界とサイバー世界をつなげる2つのアクションである「実世界の情報取得(センシング)」と「実世界への働きかけ(アクチュエーション)」の存在である。この2つのアクションを無視したとすると、サイバー世界での情報処理をいくら工夫し、性能向上を図ったとしても、それは絵に描いた餅であり、実世界への貢献は期待できない。そればかりか、実世界へ悪い影響を及ぼす可能性も否定できない。

この構図は、実は従来のフィードバック制御系の構図と同じである。いま、実世界の情報取得と現状認識の部分を合わせて広い意味で「計測」と呼び、意思決定と実世界への働きかけを合わせて広い意味での「制御」と呼ぶこと

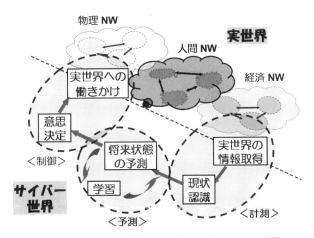

図 2.3.1　CPS の拡張として理解する IoT の世界

IoT の 1 つの理解は、社会システムを念頭に置いたネットワークシステムを対象とする CPS として捉えることである。特に、実世界とサイバー世界をつなげる「実世界の情報取得」と「実世界への働きかけ」の 2 つのアクションの存在が重要で、それらを AI/ 学習などの先端情報技術を通して「計測→予測→制御」の適切な連携を実現することがキーとなる。

にする。このように考えると、制御対象である実世界を望みの状態にするためのサイバー世界は、「計測→予測→制御」という3つの基本機能から構成されていると理解でき、通常の制御システムと同一の構図であることがわかる。

すなわち、制御対象（実世界）を制御器（サイバー世界）で制御するためには、制御対象の状態を知るためのセンサと制御対象への具体的なアクションを実行するアクチュエータの2つが必須で、それらが適切な情報処理（予測・制御アルゴリズム）を通してフィードバックループを構成していることになる。このフィードバックループの存在のため、環境の変化などにも頑健なシステムの構築が可能となる。その一方で、不適切な予測器や制御器の設計を行うとシステムが不安定になり、大きな問題を起こす可能性があることはよく知られた事実である。

文献4)では、上記の認識をシステム制御の視点でまとめ、IoTをシステムとして捉えるための重要な性質として以下の3つを挙げている。①フィードバック構造（Feedback System：FS）、②物理・情報2重ネットワーク構造（Cyber Physical Network System：CPNS）、③マルチスケール階層構造（System of Systems：SoS）（**図 2.3.2**）。

FSについては、既に説明したので、CPNSとSoSについて簡単に説明しておく。IoTの対象はネットワークシステムであるので、それを制御する制御システムも何らかの形でネットワーク化されているのが望ましい。それは「情報ネットワーク」で獲得された有用な情報と「物理ネットワーク」を模擬した数理モデルに基づいて、実世界に適切なアクションを行う機能を担うことになる。そこで、これを「ネットワーク化制御システム」と呼び、システム全体をCyber Physical Network System（CPNS）と呼ぶことにする。

もう1点、社会システム設計で忘れてはいけない性質として「階層構造」がある。多くの社会システムは何らかの形で階層化されているのが自然である。また、現在の電力システムに見られるように、大規模な物理システムは階層化されていることが多く、各階層ごとに異なる時間および空間スケールを持っている。通常の場合、上位層は長時間・広域で、下位層は短時間・狭域である。このようなマルチスケール階層構造は、複数のサブシステムからなるシステムとして理解でき、System of Systems（SoS）構造（複数のサブシステムから構成されるシステム）を持つシステムの範疇に入る。

① フィードバック構造（FS）

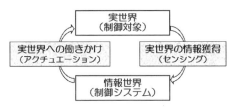

Feedback System

② 物理・情報2重ネットワーク構造（CPNS）

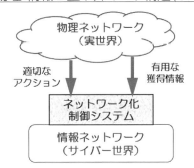

Cyber Physical Network System

③ 階層構造（SoS）

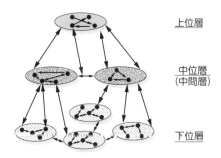

System of Systems

図 2.3.2　IoT で重要となる 3 つのシステムの性質

IoT で重要となる 3 つのシステムの性質は、①フィードバック構造（FS）、②物理・情報 2 重ネットワーク構造（CPNS）、③マルチスケール階層構造（SoS）である。

2.3.3　階層システムとしての IoT のキーは「中間層」

電力・エネルギーシステムなどの新しい社会システムの構築を考える上で重要となってくるのは、これまであまり焦点を当ててこられなかった階層性（SoS）の側面である。階層的なシステムにおいて、異なる階層の間に存在する物理的に満たされなければならない条件（エネルギー保存則や流れの連続性など）をどのように保証するかが最も重要なポイントである。すなわち、階層間の調整を適切に行う機能の導入が不可欠で、その設計が階層化システム構築の大きな鍵となる。

再生可能エネルギーの導入は、まさにこの問題の重要性を明確にしてきた。物理システムである電力システムが正常に動くためには、様々なレベルでのバランス（需給バランスなど）をある許容範囲内でリアルタイムに取る必要がある。このバランスが大きく崩れると電力システムが不安定になり、連鎖反応によっていわゆるブラックアウトに至ることにもなる。供給側の発電量の時空間分布は、一般には需要側の消費電力の時空間分布とは異なるので、これを調整する機能が必須であることがわかる。特に、太陽光発電など自然の影響を受ける供給システムが電力システムに挿入された場合、その重要性は非常に高いものとなってくる。

これに対応するための最も直接的な方法は、従来の制御の基本的な考え方に沿ってフィードバック制御系を組むことである。すなわち、需要と供給のアンバランスの量に基づいて、その量（制御のことばでは、偏差）を小さくするという制御である（**図 2.3.3**）。もし適切に制御器を設計することができるならば、ある程度の自然環境や社会環境の変化に対しても頑健なフィードバック制御系を構成することは可能である。

図 2.3.3　従来の典型的なフィードバック制御系
需要と供給のアンバランスを小さくする典型的な手法は、アンバランス量に基づいて適切な制御器を設計し、フィードバック系を構成することである。その際、フィードバック系の安定性を環境などの変動に対してロバストに保証することが要請される。

しかし、再生可能エネルギーを導入した場合、環境の変化は非常に大きくかつ多様的となるため、このような単純なフィードバック制御だけでは必ずしも十分とは言えない。環境（自然環境・社会環境）の変化に適応し、供給システムの役割を果たす電力システムと市場メカニズムを含む制御システムとが整合を取って、個々の価値（効用関数）を高めるとともに、何らかの社会的価値を生み出す機能が要求される。この機能は、供給システムと需要システムの中間に位置することから「中間層」と呼ぶことができ、この中間層が持つべき機能や構造を明確にしていくことが必要である。

中間層に要請される基本的な機能は、供給と需要の時空間分を可能な限り一致させることである。その実現には、何らかの時間シフト要素や空間シフト要素が必要であり、中間層の設計では利用可能な時間・空間シフト要素を明確にした上で、トータルシステムの安定性の確保と社会的価値と個人的価値の調整を図る制御システムの実現が求められる。

図 2.3.4 は、中間層の位置づけを表す概念図である。この概念図を用いて、再生可能エネルギーが導入された電力システムを念頭において、中間層が果たす役割を簡単に説明しよう。

太陽光発電などの再生可能エネルギーを含む供給システムは、自然環境の変化を受け、需要側から要請される供給量に応じた量（供給調整値）をリア

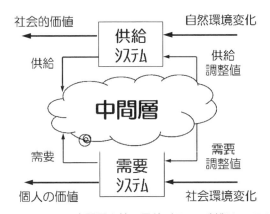

図 2.3.4　中間層を持つ需給バランス制御システム
様々な環境変化に適応して需要と供給のバランスを保ちつつ、社会的価値と個人の価値の調整を行うのが中間層の機能である。

ルタイムで供給する役割を持っている。その評価は、様々な運用レベルでの性能や効率性に加え、環境負荷も含めて総合的に社会的な価値で図られるべきである。一方、需要側は、様々な社会的変化に応じて変動する需要を個人や小さい組織レベルでの価値（効用関数）を高めることを念頭に、実際に供給可能な量（需要調整値）に見合う需要量を決定する役割である。

この供給システムと需要システムの中間に位置するのが中間層で、単に需給アンバランスの低減という目的だけではなく、多様で比較的大きな変動の可能性がある自然環境や社会環境の変化に対しても頑健で、かつ個人の価値と社会の価値の異なる2つの価値を両立させる機能を実現しなければならない。

2.3.4 「中間層」としてのアグリゲータ

電力システムは物理システムであるので、物理量のレベルで各時刻において需要と供給のバランスが取れないといけない。これを実現するのがアグリゲータで、2.2節で述べたように「集約」と「分配」の機能を持つ。したがって、アグリゲータはOCCTO、取引委員会や送配電事業者などの運用を担当する機関（「運用層」と呼ぶことにする）と、個人や小規模の組織などのユーザーサイド（「ユーザー層」と呼ぶことにする）との中間に位置し、需要と供給の時空間バランスを取る役割を果たすことが期待されている。

このことを階層システムとして考えてみると、アグリゲータは時空間スケールの違う「上位層（運用層）」と「下位層（ユーザー層）」の間の整合を図る「時空間分布の整合」といった機能が求められていることになる。上位層は長時間・広域を対象としているので粗い時空間分解能、下位層は短時間・狭域を対象とするのできめ細かい時空間分解能である。また一般に、下位層の各サブシステムが扱う量の総和を上位層が扱うことになり、量的なスケールの違いが現れる。

このように、最上位層と最下位層の量的スケールが大きく異なると、それらを適切に連携させることは一般に容易ではない。このことがアグリゲータの必要性を生み出しており、適切な関係性を実現させるためには、量的スケールの違いに合わせて時空間スケールの違いも考慮する必要がある。このことは、下位層から上位層への「集約」と上位層から下位層への「分配」機能が重要となってくることを意味し、この中間層を「集配層」と呼ぶことにする。

また、その階層化構造の視点から「縦の中間層」とも呼ぶことにする。

図 2.3.5 を用いて、このことをもう少し具体的に考えてみよう。アグリゲータは需給バランスを取る重要な役割を担うことが期待されている。しかし、需給バランスを電力システムという物理システムの中だけで取るのには限界があり、非常に大量の蓄電池が導入されるならば原理的には可能ではあるが、現実的とは言えない。そこで登場するのが、市場メカニズムである。市場の大きな役割は、ユーザーごとに異なる各々の価値（効用関数）の違いを利用して需要側の時空間パターンを適切に変更することである。

すなわち、電力システムという物理システムと市場メカニズムの相互作用によって、需給の時空間バランスをいかに適切に行うかがアグリゲータに要求される。その際、太陽光発電量の予測が重要となり、予測精度とそれがもたらす社会的価値に応じて、スポット市場・時間前市場など異なる形態の市場が形成されることになる。

このように、アグリゲータは、市場を通しての需給バランスを取る役割も要請されており、「電力システム（物理層）」と「市場メカニズム（市場層）」

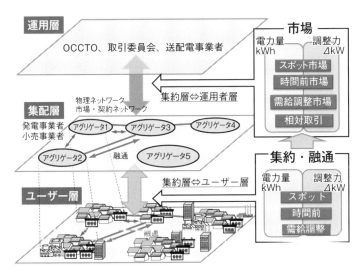

図 2.3.5　階層化システムとして見るアグリゲータ

需給バランスの実現の中心的役割を担うアグリゲータは、階層化システムとしては「運用層（上位層）」と「ユーザー層（下位層）」との中間に位置し「集配層（中間層）」と位置づけられ、電力システムという物理的な側面での調整だけでなく市場メカニズムを通しての調整機能も持つ。

との適切な関係を保つ機能を有する必要がある。既に述べたように、この「物理層」と「市場層」との中間に位置する層においては、予測と制御が重要な役割を果たす。したがって、これを「予測・制御層」と呼ぶことにし、「横の中間層」と位置づけることにする。この「予測・制御層」の役割は、①「物理層」との間の物理的相互作用による調整、②「市場層」との間の情報的相互作用による調整、の2つである。

このように見てくると、アグリゲータは、①供給側に主に着目し物理量のレベルで調整を行う「予測・制御層」と、②需要側に主に着目し経済活動のレベルで調整を行う「市場層」の2つが連携していると捉えるのが自然に見えてくる。この点を意識して、次章では電力システム全体をシステムとして統一的に表現することを試みてみる。それが、我々が描いている次世代電力システムの姿である。

参考文献
1) 総合資源エネルギー調査会　基本政策分科会　電力システム改革貫徹のための政策小委員会：第5回資料7「今後の市場整備の方向性について（案）」（2017）
2) 総合資源エネルギー調査会　電力・ガス事業分科会　電力・ガス基本政策小委員会　制度検討作業部会：第1回資料5「今後の市場整備の方向性について」（2017）
3) E. A. Lee：Cyber-Physical Systems – Are Computing Foundations Adequate?, NSF Workshop On Cyber-Physical Systems（2006）
4) 原, 本多：超スマート社会におけるシステム科学技術概論、計測と制御、56-4、284/287（2017）

第3章

次世代調和型電力システム

> 2.3節では、階層化システムの構成要素として見た「アグリゲータ」や「バランシンググループ」は、2つの意味での「中間層」の役割を果たしていることを説明した。本章では、この認識に基づいて、社会に価値を与えるシステム（社会から要請されるサービスを適切に提供するシステム）が持つ縦と横の2重の階層構造（縦横階層構造）を明らかにする。さらに、その階層構造を用いて、「アグリゲータ」と「バランシンググループ」が中心的役割を担う「次世代調和型電力システム」の姿を描いてみる。

3.1 次世代調和型電力システムの姿

3.1.1 縦横階層化システム

まず、再生可能エネルギーが導入される前の電力システムの構造がどうであったかを振り返ってみよう。各地域の電力会社が、発電・送電・配電を一括して受け持っており、多数のユーザー（大口ユーザーも含め）と個別的に直接つながっていた。また、その流れは上から下への一方向であった。そのため、発電計画や周波数制御などの計画・制御は一括集中方式での実装が可能であった（**図3.1.1**）。

これに対し、太陽光発電などの再生可能エネルギーが導入された電力システムでは、発電機能が需要家を含む様々なレベルで行われるようになり、電力システムの流れが双方向になってきた。また、その発電量が自然環境に大きく依存するため、単なる需要予測に応じた計画では対応できなくなり、予測と制御が相互に連携した機能が不可欠となってきた。さらに、供給側での発電量の調整だけでは十分ではなく、需要側の調整を担う機能として様々な

第1部　次世代電力システムの在り方と目指すところ

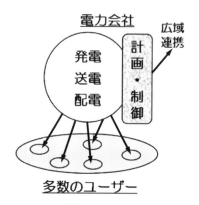

図 3.1.1　従来の電力システムの構造

従来の電力システムの流れは、各電力会社から個別ユーザーに向けた一方向で、発電計画や周波数制御が一括集中方式で行われていた。

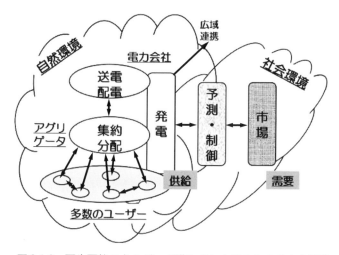

図 3.1.2　再生可能エネルギーが導入された電力システムの構造

再生可能エネルギーが導入された電力システムでは、需要家も含めて様々なレベルで発電が行われ、電力の流れが双方向になる。そこで、需要と供給の時空間バランスを取るための集約・分配機能が必要となり、アグリゲータが重要なプレーヤーとなる。また、アグリゲータには、市場との適切な連携も求められている。

市場が形成されつつある。

このような状況を図示したのが**図 3.1.2**である。ここで、重要となってくるのが、需要と供給の時空間バランス実現するための新たなプレーヤーとして

の「アグリゲータ」や「バランシンググループ」である。これらは、集約と分配の機能を有することに加え、予測・制御を通じて市場との適切な連携が望まれる。この現状認識に基づいて、社会システムが持つ縦と横の2重の階層構造（縦横階層構造）を明らかにしていくことにする。なお、この「縦横階層構造」は文献1)において最初に提案されたものである。

2.3節では、アグリゲータは「上位層（運用層）」と「下位層（ユーザー層」との中間に位置するので縦の中間層と位置付けられ、需要と供給の時空間バランスを取る役割を果たすことが期待されていると述べた。縦の階層構造においては、階層ごとの時空間スケールが異なることが1つの本質である。したがって、この中間層の役割は、階層間の整合を図る「時空間分布の整合」機能の実現である。

このとき、同種類のシステム（例えば、物理システム）内で満たされなければならない関係（例えば、物理保存則）などの量的な制約が保たれるように調整する必要があり、この整合性の下での下位層から上位層への「集約」と上位層から下位層への「分配」機能の実現が求められる。この機能がない、あるいはたとえあったとしても適切でない、ならばシステムとしては破綻することになる。そこで、この下位層と上位層に存在する調整機能を持つ中間層を「集配層」と呼ぶことにし、またその階層化構造から「縦の中間層」とも呼ぶことにする。

先に述べたように、アグリゲータはもう1つの側面を持っている。それは、市場を通して需給バランスを取る機能である。すなわち、「物理層」と「市場層」との適切な関係を保つ層が必要である。これこそ、予測と制御が重要な役割を果たす場所で、「予測・制御層」と呼ぶにふさわしいと言える。「予測・制御層」は「物理層」と「市場層」との中間に位置するので、これを「横の中間層」と呼ぶことにする。この「予測・制御層」の役割は、①「物理層」との間の物理的相互作用による調整、②「市場層」との間の情報的相互作用による調整、の2つである。

このような考え方を横方向に展開してみよう。市場がサービス（言い換えると、社会的価値）とつながっていると考えると、「市場層」も一種の横の中間層で、「価値層」との間の価値的相互作用による調整機能であることがわかる。すなわち、横方向の機能は、異なる物理量間の適切な相互作用によ

第1部 次世代電力システムの在り方と目指すところ

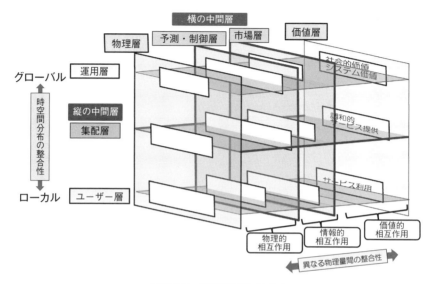

図 3.1.3 縦横階層システム

社会システムを縦と横の2つの階層性からなる「縦横階層システム」として総合的に眺めてみる。縦の階層には時空間分布の整合を取る「縦の中間層」としての「集配層」が、横の階層には異なる物理量間の整合を取る「横の中間層」としての「予測・制御層」と「市場層」が必要である。

る整合、と言える。文献1)の図10をベースにこれらの考察をまとめたのが**図3.1.3**である。

まず、横の連携（横の中間層）について考えてみよう。社会の価値を考える「価値層」とそれを実現する「物理層」の間に、以下の2つの異なる横の中間層（市場層と予測・制御層）が存在する。

(1) 市場層：価値層と価値的相互作用行うとともに、物理層との調整機能を有する予測・制御層との情報的相互作用を行う中間層
(2) 予測・制御層：物理的相互作用によって物理層との調整機能を果たすメインの役割に加え、社会的価値を生み出すために市場層との適切な情報的相互作用を行う中間層

次に、縦の連携（縦の中間層）について考えてみよう。各々の層はそれぞれ時空間スケールの違う階層的構造を有している。いま、3階層以上の階層化システムを考えると、上位層と下位層の間に必ず1つの層が存在すること

になる。ここでは、これを「縦の中間層」と呼ぶことにする。この中間層の役割は、上下の時空間スケールの違いを適切な関係に保つ「時空間分布の整合」であり、適切に集めて適切に分配するという意味で「集配層」と呼ぶことにする。上位層＝運用層、下位層＝ユーザー層で、その中間に位置するのが縦の中間層＝集配層となる。アグリゲータの物理的側面は、この物理層での縦の中間層である。

一方、価値層で考えると、「サービス」の側面で階層性を見いだすことができる。個々の人や比較的小規模の組織レベルであるユーザー層（下位層）では、どのようなサービスを受けられるかが価値（個の効用関数）となる。これに対して、運用層（上位層）では、社会全体の価値を高めるためのインフラ構築がその対象となり、長期的視野に立ったシステム構築のビジョン（政策）と持続可能なインフラの構築が求められる。価値層での中間層は、上位層のインフラをいかに下位層のユーザーの価値につなげるかが重要で、調和的なサービス提供が求められる。

3.1.2　電力システムを縦横階層化システムとして見ると

縦横階層化システムのマップに電力ネットワークでの要素・サブシステムや機能を埋め込んでみよう。これが、我々が描いている「次世代調和型電力システム」の姿（縦横階層構造）である（**図 3.1.4**）。

以下、各々について、簡単に説明する。

まず、「縦の中間層」である集配層について、物理層の視点で見てみよう。ここでは、個々の電力需要家が電力系統につながっている点を「連結点」と呼ぶことにし（旧来の電力システムには存在しない）、多くの需要家から構成されているという意味で「連結点群」と名付けている。

この「連結点群」は、運用層（上位層）に対応する「送配電網」とユーザー層（下位層）に対応する「個々の消費・発電・蓄電」をつなぐ役割となっている。「アグリゲータ」や「バランシンググループ」の物理層での機能は、まさにこの「連結点群」を対象としたものである。ここで個々の消費・発電・蓄電には、プロシューマといった電力需要家だけでなく、個々の大型発電機も含まれることに注意されたい。

次に、集配層を予測・制御層と市場層の視点で見てみよう。アグリゲータ

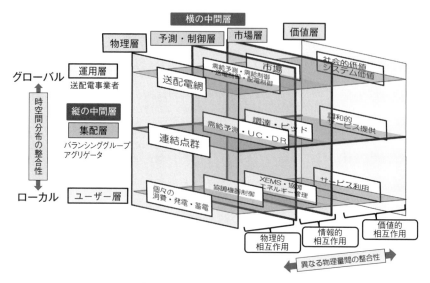

図 3.1.4　次世代調和型電力システムの縦横階層構造

図 3.1.3 の縦横階層化システムのマップに電力ネットワークに登場する要素・サブシステムや機能を埋め込むと、「次世代調和型電力システム」の姿（縦横階層構造）が見えてくる。

は、契約しているユーザーの電力消費・発電計画を個々の「xEMS」（EMS は Energy Management System を表し、xEMS は Home EMS、Factory EMS、Building EMS などを表す）を通じて前日に調達し、スポット市場などに入札する。決まった計画値を当日に達成するために、バランシンググループにおいて「需給予測」を用いて複数の発電機のいずれをどのタイミングで起動するかを前日に決める「起動停止計画問題（UC：Unit Commitment）」や、計画値同時同量が達成できないときに、需要家の需要をインセンティブを用いて制御する「デマンドレスポンス（DR：Demand Response）」を各ユーザーの「協調機器制御」を通じて行う。

最後に、集配層を価値層の視点で見ると、運用層の CO_2 削減といった「社会的価値」とユーザー層の個々の「サービス利用」の両方を同時に適切に達成する「調和的サービス」を提供する役割であることがわかる。

3.2 次世代調和型電力システムに向けた技術課題とアプローチ

　1.3節で太陽光発電のスマート基幹電源化には、①需給バランスと安定性、②多価値共最適性、③調和的ロバスト性、④オープン適応性の4つの要件が必要であることを述べた。一方、3.1節では、物理層、予測・制御層、市場層、価値層の4つのネットワークで構成される次世代調和型電力システムの縦横階層構造について**図3.1.4**を用いて説明した。では、次世代調和型電力システムの縦横階層構造の下で、太陽光発電のスマート基幹電源化の4つの要件をどのように達成すればよいであろうか？

　第2部（第4章～第7章）では、太陽光発電予測、アグリゲータ・バランシンググループ、電力市場、系統制御・配電制御の4つの技術に絞り、その問いに対する解法や考え方を与えていく。その準備として、本節では**図3.1.4**を用いてそれらの位置づけと概要を述べておく。

3.2.1　太陽光発電予測

　太陽光発電予測は、**図3.1.4**の「予測・制御層」に位置し、「運用層」、「集配層」、「ユーザー層」の全ての階層で、特に計画から運用（制御）まで多岐にわたり、「需給バランスと安定性」を確保するために活用することが考えられる。また、システム全体の「調和的ロバスト性」の実現に大きく寄与することが期待される。具体的には、需給予測、需給制御、UCやDRでの利用である（**図3.2.1**）。

　太陽光発電予測を需給バランスの制御に利用するには、様々な手法を駆使して、様々な時空間分解の予測を用意する必要がある。また、予測が外れた場合のリスク対応のために、信頼度付きの予測や大外れの事前検知を行うことで、できる限り保守性の少ないロバスト性を確保する制御も必要である。それによって、例えば、需要から太陽光発電を差し引いた正味の需要が同じ日であっても、快晴の日は予測の信頼度が高いため予備力を少なく見積もることや、予測の信頼度が低くなる日は予備力を大きく見積もることが可能となる。

第1部　次世代電力システムの在り方と目指すところ

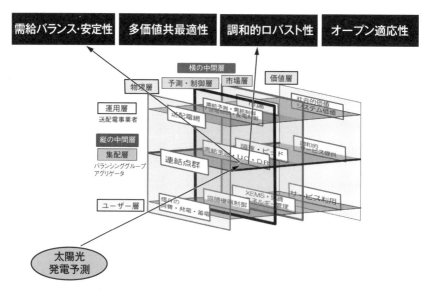

図 3.2.1　太陽光発電予測の位置づけ

太陽光発電予測は、「予測・制御層」に位置し、「運用層」、「集配層」、「ユーザー層」の全ての階層で、特に計画から運用（制御）まで多岐にわたって「需給バランスと安定性」を確保するために活用され、またシステムの「調和的ロバスト性」の実現に寄与する。

第4章では、「調和型ロバスト性」を達成するための基礎として、アンサンブル予測を用いて大外れリスクを低減したり、AI技術を駆使して予測精度を向上させる手法について解説する。

3.2.2　アグリゲータ・バランシンググループ

アグリゲータ・バランシンググループは、図3.1.4の縦の中間層である「集配層」に位置し、「物理層」、「予測・制御層」、そして「市場層」、「価値層」の全ての機能を実現する必要がある。主たる役割は「需給時空間分布の調整」であり、本電力システムの中枢的な存在である（**図 3.2.2**）。

予測・制御層にある「需給予測・UC・DR」は、アグリゲータが行う制御であり、アグリゲータ内で需要と供給をコントロールし、需要家の望むエネルギーサービスを提供する。個々の需要家は経済性・環境性・快適性・公平性など様々な価値観を持っているため、そのような多くの価値観を同時にできるだけ多く満たす「多価値共最適性」を実現することがアグリゲータの目

第3章 次世代調和型電力システム

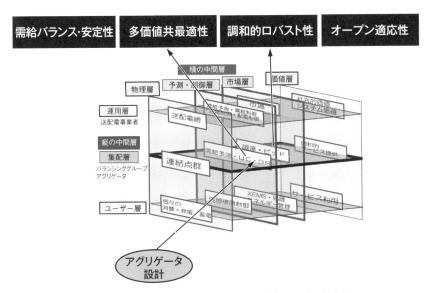

図 3.2.2 アグリゲータ・バランシンググループの位置づけ

アグリゲータ・バランシンググループは、「運用層」と「ユーザー層」の間の調整を図る「集配層」の役割を有しており、縦の中間層の代表的なものである。

標となる。

　一方、アグリゲータはその外側となる市場層に対して、不足・余剰電力の「調達・ビッド」を行う。この際、例えば市場において電力が足りないときは、できるだけ電力を供給する側に回ることが予想される。したがって、このような時間帯は電力価格が高くなることが想定されるため、供給責任を果たすとともに自身の収益率の向上も可能になる。これも「多価値共最適性」の1つである。

　このように、アグリゲータは、その内側に向けては電力利用に対する様々なニーズを満たすサービスを提供する。それとともに、外側となる市場に対しても、需給バランス維持への貢献に加えて、将来的には調整力をも供出できるようなサービス、すなわち価値層における「調和的サービス提供」を行う。

　第5章において、太陽光発電予測や需要予測の不確実さを吸収する手法として、信頼度付き予測を用いたアプローチと最悪ケースを最適化するアプローチの2つを紹介する。その上で、信頼度付予測を用いた起動停止計画問題

63

の解法や個々のプロシューマの多様性を活用した運用などを例にして、「調和型ロバスト性」をいかに確保するかについて一手法を述べる。また、プロシューマの個々の蓄電池の充放電の場合における社会受容性を考慮した配分について「多価値共最適性」の観点から述べる。

3.2.3　電力市場

電力市場は図3.1.4の「市場層」に位置し、「集約層」のバランシンググループを市場参加者とし、太陽光発電の予測のリスクの下で調和的ロバスト性を確保しつつ、需要家の個々の価値と社会全体の価値の両方を同時に最適化する、すなわち「多価値共最適性」を実現する（**図3.2.3**）。

集配層にある調達・ビッドは、バランシンググループの中のアグリゲータが各ユーザーから発電電力や消費電力を調達し、それらを市場価格を予想しながら電力市場に効果的に入札していくことを表している。そうしたバランシンググループを市場参加者とし、多様な個々の価値やCO_2削減といった

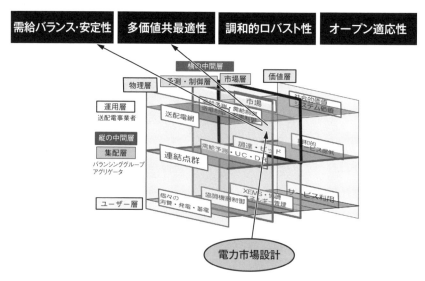

図3.2.3　電力市場の位置づけ

電力市場は、市場層と運用層の交差点に位置するが、集配層のバランシンググループが市場参加者となる。各種サービスなどの個々の価値を経済的価値の視点で公平に配分するためのメカニズムと言える。

社会的価値を共最適化する。

その一方で、電力市場においては、安価で脱炭素という利点を有するが、発電予測が難しく制御しにくい大量の太陽光発電によるエネルギーが導入されることを前提に、「需給バランスや安定性」を達成するための需給制御用のエネルギー源となる需給調整市場や容量市場などの新しい調整力市場の設計が重要になる。

第6章では、まず電力システム改革により現在設計中の需給調整市場をはじめとした電力市場の概要と課題を述べる。その後、大量の太陽光発電が導入された際に生じるエネルギーシフトによる「需給バランス」や「多価値共最適性」の実現に関して、蓄電池を中心としたエネルギープロファイル（時系列）による新しい市場の観点から述べる。また、信用度を用いた電力市場についても述べる。

3.2.4 系統制御・配電制御

系統制御は、図3.1.4の「予測・制御層」に位置し、「市場層」や「物理層」と様々に相互作用することで、「需給バランスと安定性」を保証することが主たる役割となる（**図3.2.4**）。

送電系統は比較的電圧の高い状態で電力の輸送を担当し、システム全体の安定性を保証するために運用レベル（上位層）での調整機能が重要となる。一方、配電系統は輸送されてきた電力を低い電圧で需要家に配る役割を持つ。したがって、配電系統は需要家（下位層）に最も近く、住宅用の太陽光発電が多く連系される部分の物理量の調整機能が重要となってくる。

電力自由化の進展に伴い、今後は公的な第三者機関としての系統運用者によって電力系統制御が行われることになる。なお、既存の電力会社の発電部門と送配電部門は分割され（発送電分離）、送配電部門が系統運用の管理に当たることになる。また、配電系統も公的な第三者機関としての系統運用者（一般送配電事業者）が管理することになる。

第7章では、特に、「運用層」の観点から前日計画と当日運用の連携による次世代の需給制御の在り方と、「物理層」との観点から送電ネットワーク制約を考慮した発電計画などについて述べる。また、温度制約に着目した混雑緩和による「調和型ロバスト性」の実現や、「オープン適応性」を実現する

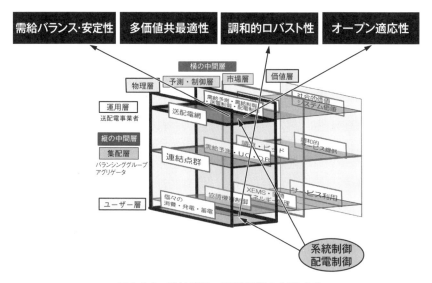

図 3.2.4 系統制御・配電制御の位置づけ

系統制御は、「市場層」や「物理層」と様々に相互作用することで、需給バランスと安定性を保証することが主たる役割である。一方、配電制御では、需要家に近いレベルでの物理量の調整機能が重要である。

1つの手法として風力発電を大量導入した際の例に対してプラグイン型の安定化制御器設計について触れる。また、配電制御に関しては、特に「集約層」に位置するスマートアグリゲーションを実現するための一技術を紹介する。具体的には、電圧制約を維持するためのIoTを活用した電圧制御や、「パワーエレクトロニクス機器高活用化」および「オープン適応化」の一例として開発している同期化力インバータについて述べる。

参考文献

1) 原 辰次:「わ」のコンセプトに基づく新しいシステム理論構築に向けて、計測と制御、57-2、73/78（2018）

第2部

スマートアグリゲーションに向けた先端的アプローチ

第4章

IoT/AI を活かした太陽光発電予測

> 次々世代電力システムにおける様々な制御にはそれぞれに対応した多様な予測技術が必要となる。例えば、需給バランスの制御に利用するには、時間、空間的な幅を持つ制御があるため、様々な時空間分解の予測を用意する必要がある。予測誤差は、小さいほど望ましいため、様々な技術開発が進められている。しかしながら、完全な予測はできないため、必ず不確実性を伴う。そのため、リスクに対応する信頼度付き予測の生成や大外れを事前に予見する技術も重要である。
>
> 本章では、太陽光発電の発電予測の現状と課題、将来の技術展望について解説しよう。ここで、発電予測とは、発電電力量（kWh）、発電電力の予測（kW）or（kWh/h）の総称として表す。また日射予測は同様に、日射量（kWh/m^2）、日射強度（kW/m^2）の予測を表す。

4.1 太陽光発電の発電特性

4.1.1 太陽光発電の発電原理

太陽光発電は、発電部である太陽電池と直流電力を交流電力に変換し電力系統と連系する機能を持つパワーコンディショナにより構成されている（**図4.1.1**）。太陽電池は半導体でできており、光を当てることで起電力が発生する現象である光起電力効果（photovoltaic effect）を利用して発電する。太陽電池から発電された電力は直流電力であるため、パワーコンディショナにより、半導体のスイッチング素子などを利用して交流電力に変換する。

このように、火力や風力発電のようにタービンや回転機のような機械的な部分を持たない発電方式であるため、太陽光のエネルギーである日射量が十

第 4 章　IoT/AI を活かした太陽光発電予測

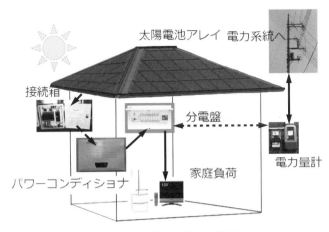

図 4.1.1　太陽光発電の構成

太陽光発電は、回転機のような機械的な部分を持たない発電方式である。発電部である太陽電池と直流電力を交流電力に変換し電力系統と連系する機能を持つパワーコンディショナにより構成されている。
太陽電池は半導体でできており、光を当てることで起電力が発生する現象である光起電力効果を利用して発電する。パワーコンディショナが、半導体のスイッチング素子などを利用して交流電力に変換する。

分にある状態であれば、発電・停止することを瞬時に行うことができる。また、雲などの自然現象により日射量が変動する場合には、即座に応答して発電電力も変動するため、自然変動電源と呼ばれる。

4.1.2　太陽光発電システムの種類

太陽光発電は、設置場所や設置容量によって、いくつかのシステム形態に分類される（**図 4.1.2**）。住宅の屋根に設置するものを住宅用と呼び、設備容量は 3〜10 kW である。住宅用以外では、小学校や市役所などの公共施設や、工場屋根やコンビニエンスストアなどの民生設備の屋根に設置するものを公共・産業用と呼ぶ。設備規模は 10 kW から数百 kW が主流であり、大きいものでは数 MW のシステムもある。最近では、地上に設置するシステムも増加しており、これらを発電事業用と呼ぶ。発電事業用は、10〜50 kW の小規模のものから、数十 MW といった大規模発電設備まで様々である。

また、国内の電気事業法により電力系統に接続する電圧レベルは設備容量

図 4.1.2　太陽光発電の外観

太陽光発電は、設置場所や設置容量によって、いくつかのシステム形態に分類される。住宅の屋根に設置するものを住宅用と呼び、設備容量は 3〜10 kW である。公共施設や工場屋根やコンビニエンスストアなどの民生設備の屋根に設置するものを公共・産業用と呼び、設備規模は 10 kW から数百 kW が主流である。地上に設置するシステムも増加しており（発電事業用と呼ぶ）、10〜50 kW の小規模のものから数十 MW といった大規模発電設備がある。

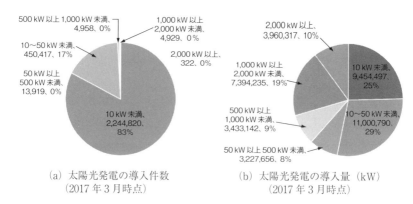

（a）太陽光発電の導入件数
（2017 年 3 月時点）

（b）太陽光発電の導入量（kW）
（2017 年 3 月時点）

図 4.1.3　導入量および導入件数の実績

設備容量としては、10 kW 未満のシステム（ほとんどが住宅用）が約 25 %、低圧連系のシステムが約 30 %、高圧連系システムが約 36 %、特高が約 10 %である。導入件数としては、10 kW 未満のシステムが約 80 %を占める。多数分散型の発電システムであることが太陽光発電の特徴である。

により決まっており、50 kW 未満は低圧、50 kW〜2 MW は高圧、2 MW 以上は特別高圧（特高）に連系される。

2018 年 3 月末段階の導入割合を**図 4.1.3** に示す。設備容量としては、10 kW 未満のシステム（ほとんどが住宅用）が約 25 %、低圧連系のシステムが約 30 %、高圧連系のシステムが約 36 %、特別高圧連系のシステムが約 10 % である。導入件数としては、10 kW 未満のシステムが 200 万件以上であり約 80 % を占める。このように多数分散型の発電システムであることが太陽光発電の特徴である。

4.1.3　太陽光発電の発電特性

（1）太陽光発電の発電特性に影響する要素

太陽光発電は、入力エネルギー量である日射量にほぼ線形関係の特性を持つ。日射量以外には、太陽電池の温度特性やシステムとして構築した際の配線などの損失、パワーコンディショナの電力変換損失などがある。主な発電特性に関する要素を示す。

- 日射量を減じる：日影、入射角依存性、汚れ、積雪
- 太陽電池の効率を下げる：スペクトルミスマッチ、温度、（定格からのずれ）、アニール効果、光照射効果、光劣化、低照度の非線形性
- アレイ作成による損失：配線抵抗ロス、配線によるミスマッチロス
- パワーコンディショナ：最大電力点のずれ、効率、スタンバイロス

（2）太陽光発電の変動特性

太陽光発電は、季節による変動、日変動、数時間から数分、数秒以下の変動特性を有する。**図 4.1.4** には、発電シミュレーションによるデータを基に作成した（STEP PV[1] を利用：1 MW、東京、南 20 度）、年間の季節変動、4 月の日変動、4 月のある 3 日間の時間変動を示している。平均する期間が長くなるほど変動が小さくなることがわかる。

また、雲の移動や発生に起因する 1 時間〜数秒の変動については、多数の分散型電源であるという特徴とともに、地点数やエリア拡大に伴い、雲がある場所とない場所が存在することから、合計の発電特性の変動が緩和される効果、いわゆる「ならし効果」が知られている[2]。**図 4.1.5** に関東近辺の変動特性の例を示す。同図には、発電電力の代わりに日射強度の 1 分値の変動の例

第 2 部　スマートアグリゲーションに向けた先端的アプローチ

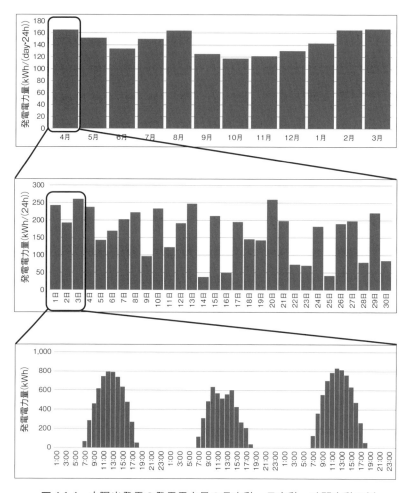

図 4.1.4　太陽光発電の発電電力量の月変動、日変動、時間変動の例
STEP PV[2)]を利用したシミュレーションデータをもとに作成（1 MW、東京、南 20 度）年間の季節変動、4 月の日変動、4 月のある 3 日間の時間変動を示している。平均する期間が長くなるほど変動が小さくなる。

を示している。時系列の図からわかるように、地点が増加することにより変動が小さくなり、平滑化されていることがわかる。例えば、ピンポイントの 1 分値を利用した変動の標準偏差に対して、関東近辺の 6 カ所の合計の変動はその 40 ％程度まで低下する。

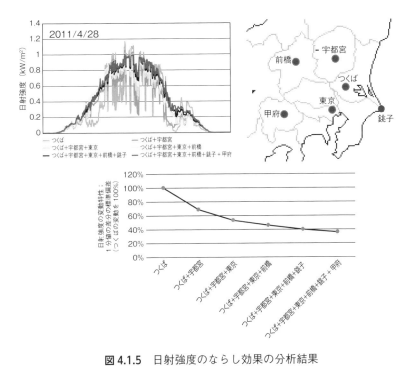

図 4.1.5　日射強度のならし効果の分析結果

（3）太陽光発電の発電特性のエリア内の分布

　太陽光発電の発電電力は、前述のように多数分散型のシステムであるため、場所による導入量の違いや、日射量のエリア内の違いにより、時々刻々とエリア内において分布が変化する。

　図4.1.6は、現在の九州電力エリアにおける導入量を模擬した場合の、太陽光発電の発電電力のエリア内の分布の例を示している。同図は、静止気象衛星ひまわり8号から推定した日射量データを基に、市町村ごとの太陽光発電の発電電力量を推定してマップ化したものである。この日は、九州電力エリアはおおむね快晴であり、エリア内においてほぼ同じ日射量が観測されている。しかし、市町村ごとに太陽光発電の導入量は異なっているため、地域により発電電力量が大きい地域と少ない地域が存在している。九州電力エリアでは、北東部と南部で発電電力量が多いことがわかる[3]。

第 2 部　スマートアグリゲーションに向けた先端的アプローチ

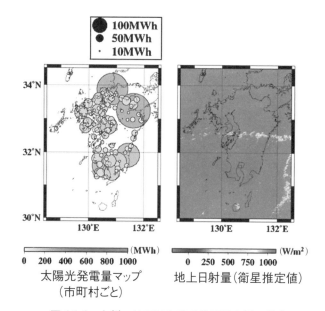

図 4.1.6　九州エリアにおける発電電力量の分布

左は市町村ごとに推定した太陽光発電の出力マップ、右は静止気象衛星ひまわり 8 号から推定した地上の日射量の分布を示す。九州電力エリアの快晴時の例であるため、日射量の強さはどこでもほぼ同じであるものの、市町村ごとに太陽光発電システムの導入量が異なるため、発電電力量の大きさが異なる一例である[3]。

（4）太陽光発電の発電電力と需要との関係

　太陽光発電と電力需要のマッチングは需給バランスの観点から重要である。**図 4.1.7** は国内 9 電力エリアにおける需要の電力量と太陽光発電の発電電力量との関係を示したものである（2016 年 5 月 4 日の例）。電力エリア間で比較すると、電力需要は電力エリア内の人口や人間活動によってかなり違いが見られる。それとは独立に太陽光発電の導入量は地域によって異なる。例えば、東京電力と九州電力では、電力エリア内での太陽光発電の発電電力は同程度であるが、需要の電力量は九州電力の方が少ないため、需要の電力量に対する太陽光発電の発電電力量の割合が非常に高いことがわかる。

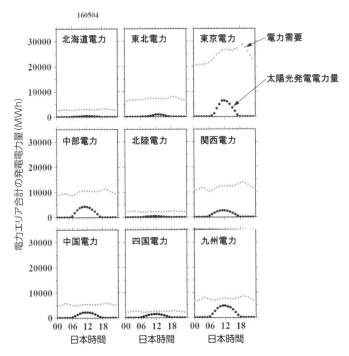

図 4.1.7 国内 9 電力エリアの電力需要と太陽光発電の発電電力量
（2016 年 5 月 4 日の例）

★印は電力需要、●印は太陽光発電の発電電力量の電力エリア合計値（1 時間値）[4]。

4.2 これまでの太陽光発電予測技術

4.2.1 様々な予測技術

太陽光発電の発電予測は、利用する計画・制御のニーズに合わせて仕様が決まる。例えば、電力の需給計画のためには、前日に次の日の 30 分ごとの発電電力の時系列が必要となる。具体的な仕様として、何時間先の予測が必要であるか（予測期間）、時間分解能はどの程度必要であるか、空間分解能およびカバーするエリアの範囲はどの程度必要であるか、などがある。それぞれの仕様を満たす中で、最も予測精度が良い手法を選択することになる。予測の手法として大きくは、以下の 4 つが存在する。

- 気象予報モデル（数値予報モデル）の利用
- 衛星観測データの利用
- 天空画像データの利用
- 実測データの利用

それぞれの手法については 4.2.2 項以降に後述するが、6 時間より先の予測、主に 1 日より先の予測については気象予報モデル、数時間〜 6 時間先くらいまでは衛星観測データ、数時間から数分先では天空画像や実測データを利用する方法が用いられる。

各手法の予測誤差を**図 4.2.1** に示す（予測誤差は平均誤差（ME：Mean error または MBE：Mean Bias Error）、2 乗平均平方根誤差（RMSE：Root Mean Square Error）、絶対誤差（MAE：Mean Absolute Error）、などの評価指標を用いて評価されることが多い[5]）。横軸は予測期間の長さであり、左半分は 1 〜 6 時間先までの予測、右半分は 2 〜 7 日先までの予測を示している。これによると 1 〜 6 時間先までの予測については気象予報モデルを用いるよりも、衛星観測データや実測データから予測を行った方が予測誤差は小さい。一方、5 〜 6 時間より長い、また数日先までの予測においては気象予報モデル

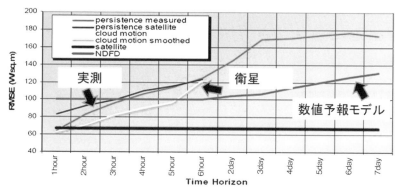

図 4.2.1　予測誤差の比較[6]

横軸は予測期間の長さであり、左半分は 1 〜 6 時間先までの予測期間、右半分は 2 〜 7 日先までの予測期間を示している。1 〜 6 時間先までの予測については気象予報モデルを用いるよりも衛星観測データや実測データからの予測を行った方が、予測誤差は小さい。一方、5、6 時間より長い、また数日先までの予測においては気象予報モデルを利用する方が予測誤差の観点から有効である。

第4章 IoT/AIを活かした太陽光発電予測

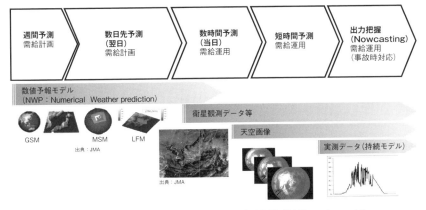

図4.2.2 需給バランスに利用する各種予測技術のイメージ
需給バランスの計画や制御に利用する予測技術との組み合わせのイメージを示す。現状では、何時間先を予測するかによりどのような予測手法が適当かを選択する。

を利用することが予測精度の観点から有効であることが示されている[6]。

現状では、このような予測誤差の特性があるため、予測期間と予測誤差の関係で、適切な予測手法を選択することになる。**図4.2.2**には需給バランスに利用する場合の予測技術との組み合わせのイメージを示す。

4.2.2 発電予測技術の概要

太陽光発電の発電特性は、日射量を代表とした気象条件に大きく依存しているため、気象を予測することが最も重要である。気象の予測には、一般にもなじみのある天気予報などの技術を活用する。

太陽光発電の発電予測モデルは、日射量や温度に代表する気象データを予測する技術と発電性能を推定する技術により構成されている。**図4.2.3**に発電予測の基本構造を示す。

予測手法は、予測するデータのサンプリング時間や空間分解能、何時間先の予測であるか（予測期間）により分類される。短時間先の予測では画像処理の技術を利用し、一方、一日先予測では気象予報モデルを利用して、まずは日射量などの気象データを予測することが一般的である。

これらの予測データを用いて、発電特性を推定するためには、日射量に加えて、太陽電池モジュール温度、さらに太陽電池アレイの傾斜角や方位角な

第 2 部　スマートアグリゲーションに向けた先端的アプローチ

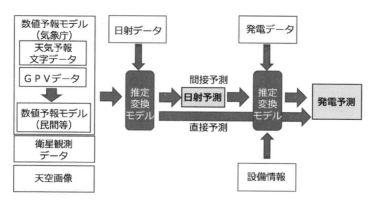

図 4.2.3　発電予測の基本構造

太陽光発電の発電予測モデルは、日射量や温度に代表する気象データを予測する技術と発電性能を推定する技術により構成されている。日射データを介さずに、予測した気象データから発電データを直接予測する方法もある。

どの設備情報が必要となる。また、日射データを介さずに、予測した気象データから発電データを直接予測する方法もある。各種予測モデルの技術的な比較は、いくつかのレビュー論文が参考になる[7]、[8]。

4.2.3　数値予報技術を利用した予測技術

　一日先より長い予測の予測期間については、天気予報の技術を利用する。一般的には、晴れ、曇りといった天気の情報や降水確率として目にすることが多い。天気予報では、気象予報モデルと呼ばれる、物理現象の数式により構築された気象を再現する数理モデルを利用しており、様々な気象情報を予測している。

　まず、大気の流れや気温、気圧といった気象要素を運動方程式で表現する。モデルの入力値として現在の気象状態の観測データを基に初期値を作成する。計算した初期値の下で、対応する微分方程式を解くことで将来の予測を行う。気象予報モデルの内部では、雲の生成・消滅や雨が降る、雪が降るプロセスもモデル化している（**図 4.2.4**）。日射量の予測は放射過程の中の短波放射過程の中で計算を行っている。雲により日射が遮られ、地上の日射量が減少する様子も計算結果から得ることができる。

　この計算データは気象庁では膨大であり、計算過程も多様であるため、スー

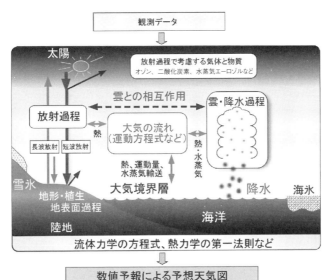

図 4.2.4　気象予報モデルの概念図
(気象庁「数値予報とは」http://www.jma.go.jp/jma/kishou/know/whitep/1-3-1.html より引用)

現在の気象状態の観測データを入力して計算を行う。大気の流れや気温、気圧といった気象要素を運動方程式で表し、微分方程式を解くことで将来の予測を行う。気象予報モデルの内部では、雲の生成・消滅や雨が降る、雪が降るプロセスもモデル化している。日射量の予測には放射過程の中の短波放射過程の中で計算を行っている。

パーコンピュータを利用する。2018年6月5日には気象予報のためのスーパーコンピュータの更新、運用が開始された。これによりアンサンブル予報など大きな計算負荷が掛かるような予測手法も現在の実運用に利用できる環境に整備されてきている。その結果、今後はモデル予報時間の延長やモデルの水平解像度の高度化、アンサンブル予報の現業化など、様々な新しいプロダクトが作成される計画になっている（**表 4.2.1**）。

6時間〜数日先の発電予測の基本構造は、気象予報モデルからの出力がベースとなり、それを基に日射量あるいは発電出力に変換するモデルを利用する。国内であれば、気象庁のモデルには、全球モデル（GSM：Global Spectral Model）、メソモデル（MSM：Meso-Scale Model）および局地モデル（LFM：Local Forecast Model）などがある。

最近では、気象予報モデルの基本モデルがASUCA（Asuca is a System based

表 4.2.1　気象庁の現業モデルの種類と概要
現行バージョンとスーパーコンピュータ更新に伴う最終段階での予測プロダクトの更新[10]

	現　行	最　終
全球モデル（GSM）	20 km、鉛直 100 層	13 km、鉛直 128 層
全球アンサンブル（GEPS）	40 km、鉛直 100 層 27 メンバー	27 km、鉛直 128 層 51 メンバー
メソモデル（MSM）	5 km、鉛直 76 層 39 時間予測	5 km、鉛直 96 層 51 時間予測
メソアンサンブル（MEPS）	5 km、鉛直 76 層 11 メンバー	5 km、鉛直 96 層 21 メンバー
局地モデル（LFM）	2 km、鉛直 58 層 9 時間予測	2 km、鉛直 76 層 10 時間予測

on a Unified Concept for Atmosphere）と呼ばれる新しいモデルに更新され、予測スキームの高度化が進められている。これまでは天気、防災などを目的に雨量などを予測することをメインにモデル開発が行われてきた。日射量に関しては基本的な検証は行っているものの、太陽光発電の発電予測に応用する観点では検討は始まったばかりである。現状では気象庁データは、気象業務支援センターを通じて GPV（Grid Point Value）と呼ばれる数値予報データとして一般に公開している。太陽光発電システムの発電に影響の高いパラメータとして、日射量および気温がある。

また、米国の National Center for Atmospheric Research（NCAR）が開発したオープンソースモデルである WRF（Weather Research and Forecasting）の日射量予測についても基本的な予測精度検証が行われているが、予測値は実測よりも高めに出る傾向があることも報告されている[9]。

4.2.4　衛星観測データ（衛星画像など）を利用した予測技術

衛星観測データを利用する方法のベースは、衛星観測データから日射量を推定するモデルを利用することである。日射量を推定するモデルには、気象衛星から観測された放射輝度温度データと地上で観測された日射量データとの相関モデル、もしくは放射モデルを計算する物理モデルがある。最近では、衛星観測データから推定された物理量を外挿して予測する方法も研究されて

第4章　IoT/AIを活かした太陽光発電予測

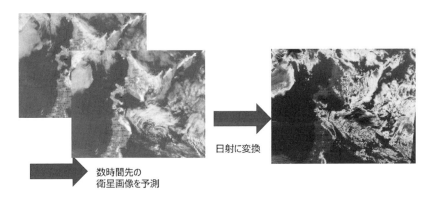

図 4.2.5　気象衛星を利用した日射量の短時間予測の概要
静止気象衛星ひまわり8号の衛星データからアルゴリズムを介して地上の日射量の推定を行う。

いる[11]。

　2014年10月7日に打ち上げられた静止気象衛星ひまわり8号（2016年11月2日には同ひまわり9号を打ち上げ）では、日本域において2.5分ごとの観測データが取得可能である。また、水平解像度も1kmメッシュかつ日本を含む周辺地域全体を瞬時に観測できるため、広域の出力推定に利用できる。ただし、日射強度の推定のため、発電電力への変換は必要である。

　予測として利用する方法は、元の画像を外挿することで画像を予測し、日射強度推定モデルと組み合わせることで実現される。画像の予測については、時間差のある2枚の衛星画像から相関係数により類似した雲を類推し、雲の移動ベクトルを計算し用いる方法や、衛星画像の空間周波数を算出してフーリエ位相相関法を用いる方法などがある（**図4.2.5**）。画像をどの程度に分割して相関を求めるかなどが重要となる。

4.2.5　天空画像データを利用した予測技術

　天空画像（Sky Imager）とは、魚眼レンズを天空に向け、その地点上空の雲画像を撮影したものである。この手法は、画像情報と日射量データとの相関関係から、日射強度を推定するモデルをベースとしている。また、日陰の分析などに応用されているようにシステムの周辺環境を詳細に把握することができる。基本は設置地点を推定するものであるが、複数点設置すれば広域に利用

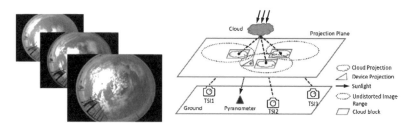

図 4.2.6　天空画像を利用した予測のイメージ図
魚眼レンズを天空に向けた画像により、その地点上空の雲画像を撮影して予測する手法。

できる（**図 4.2.6**）。

　また、天空画像は一定の広がり角を有することから一定のエリアの雲を撮影することができる。そのため、広域の平均日射強度を推定でき、発電出力を把握することができる。天空画像については、撮影機器のスペックにより秒単位で計測が可能である。そのため、数秒から数分といった非常に短時間の予測手法として利用する。予測として利用する方法は、まず画像イメージから雲のみを抽出し、数分前の画像と比較して雲の移動ベクトルを算出する。次に、そのベクトルを外挿するなどして予測した天空画像を作成する。この予測画像に対して、日射強度推定モデルを利用する方法である。

4.2.6　実測データを利用した予測技術

　実測データの利用とは、発電データそのものである。全てのデータが計測されていれば、発電出力の把握は簡単である。しかしながら、国内では発電事業者ごとに一部発電データのモニタリングは行われているが、統一的に管理されているわけではない。

　実測を利用した短時間予測には、持続モデルがある（**図 4.2.7**）[13]。例えば、Δt 時間先予測の場合、時間 t、予測値を $\hat{E}(t+\Delta t)$ とすると、現時点の発電電力量 $E(t)$ がこの先も同じとなる（持続する）と想定する、$\hat{E}(t+\Delta t) \equiv E(t)$ となる。最も単純な予測方法として利用される。太陽光発電の場合は、日の出、日の入りの一日のトレンドがあるため、発電電力量をそのまま持続させる他、快晴日の発電電力量などにより規格化する方法などが利用される。

　この手法が有効に働くかどうかは、計測サンプリングと予測期間が関連す

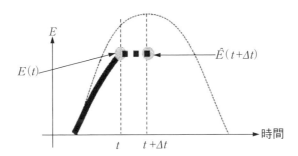

図 4.2.7　実測データを利用した予測のイメージ図

実測を利用した短時間予測は、持続モデルがある[13]。例えば、Δt 時間先予測の場合、時間 t、予測値を $\hat{E}(t+\Delta t)$ とすると、現時点の発電電力量 $E(t)$ がこの先も同じとなると想定する、$\hat{E}(t+\Delta t) \equiv E(t)$ となる。最も単純な予測方法として利用される。

る。特に短い予測期間（3時間未満）などが有効であり、より短時間になるほど予測誤差は小さくなる。持続モデルの注意点としては、データが1ステップ遅れて追従することになるため、例えば30分や1時間値などを利用するときは、太陽が昇る一日のトレンドが残り、発電出力データがやや遅れた予測となる。そのため、日射量予測であれば大気外日射量（地球大気上端に注ぐ理論的に計算された単位時間、単位面積当たりの日射量）で除した晴天指数を利用する方法が有効であり、発電予測の場合は、時間ごとの最大値抽出による快晴日発電データで除したデータを利用する方法が有効である。

4.2.7　発電把握技術

　発電（出力）把握技術とは、リアルタイムに太陽光発電の現在の発電電力がどの程度であるかを把握する技術である。単地点の太陽光発電であれば、データを常時計測すればよいが、電力の需給バランスの計画・制御においては、広域エリア（例えば、東京電力の電力エリア全体）に入っている太陽光発電の合計の発電電力を求める必要がある。

　現在は、太陽光発電においてリアルタイムに把握可能な計測装置は、導入されている発電システムの全てには付けていないため、計測データから直接的に発電電力を把握することが困難である。そのため、地上観測データや衛星観測データから推定された日射量データを利用して、導入分布を加味して発電電力を推定する方法を利用している。地上観測データでは、気象庁のデ

ータインフラ（全国約 50 カ所）や電力会社独自の計測が行われており、1 分値データなどが観測されているが、観測場所が不均一であるなど空間分解能が低い。衛星観測データは、2.5 分ごとのデータであるが、1 km メッシュごとと高水平分解能のデータが利用できる。

　日射強度などから発電電力への変換については、エリアや電圧階級ごとに 1 次や 2 次関数といった簡易的なモデルが用いられており、限られた実測の太陽光発電の発電電力から変換のパラメータの調整や、積算値ではあるが電力会社が把握している月積算値の売電電力量との比較により確認する方法などが使われている[14]、[15]、[16]。

　太陽光発電の実測データをどのように集めていくかは課題として残っている。現在は、特別高圧連系の発電所のデータについては、電力会社が直接テレメータなどによりデータを計測・収集しているが、高圧、低圧連系されている発電所の発電電力は直接計測・収集できていない。これまでに区分開閉器の潮流から発電電力を推定する方法などが検討されていることや、今後のスマートメータの導入増加などにより、直接的な発電推定手法やシステム開発が必要となってくる。

4.2.8　実際に利用されている電力会社の発電予測システム

　現在、実際に利用されている発電実績推定・予測システムの例について紹介する。

　九州電力では再生可能エネルギー運用システムを中央給電指令所に導入している。ここでは、太陽光発電状況監視画面を設置し、太陽光発電の実績と予測事業者 3 社からの予測情報を表示し、需給運用に役立てている。需給計画において太陽光発電の発電予測と実績の差から太陽光発電の出力制御量の算定も行われている[15]。

　四国電力では、四国総合研究所が開発した太陽光発電出力実績推定・予測システムを中央給電指令所に導入し、運用を始めている。太陽光発電出力実績推定システムでは気象衛星の画像と地上の日射量データを組み合わせたバイアス補正アルゴリズムを導入することで、高精度な日射量の面的な情報を作成している。また、予測システムでは雲の移動を加味した短時間予測手法を開発している[14]。

関西電力と気象工学研究所は静止気象衛星ひまわり8号を活用した短時間予測システム（APOLLON）を開発している。さらに衛星から推定した日射量に太陽光発電の導入量情報と日射量から太陽光発電の発電電力への変換係数を掛け合わせることで1kmメッシュという高水平分解能における太陽光発電の発電実績推定と予測を行っている。発電予測システムでは気象衛星から観測された雲の移動ベクトルを計算する際に雲の高度に応じて気象予報モデルから出力される風向・風速の予測情報を用いて移流予測を行うことで、太陽光発電の短時間予測を行なっている[16]。

4.3　太陽光発電の発電予測の課題

4.3.1　季節による予測誤差の特徴

　気象庁は気象予報モデルから計算した日射量予測データの公開を2017年12月より行っている。この予測データには予測誤差が含まれるため、予測データの誤差分析を行った上で利用する必要がある。**図4.3.1**の上図は日射量の予測値（MSMから出力したもの）の予測誤差を分析した結果（2017年の例）である。平均誤差（MBE）は月ごとに変化しており、夏季に過小、冬季にやや過大になる傾向がある。これは、夏季に気象予報モデルの中で雲が出すぎる傾向、冬季に雲が少なくなる傾向を示す。

　また、RMSEから夏季に高く冬季に値が小さくなる傾向があるが、これは夏季に太陽高度が高くなるため、予測誤差も大きくなる傾向もある。月ごとに一日先予測（03UTC 初期値）から当日予測（21UTC 初期値）にかけてRMSEが小さくなっている。これは初期値データの更新に伴って、より予測のリードタイムが短いほど予測精度が高まっていることを示している。

　図4.3.1のように系統的なバイアスが気象予報モデルにある場合は、実測データなどによるバイアス補正が重要となるため、日射量データや太陽光発電の発電データの取得、アーカイブ化が予測精度向上には役立つ。そのためにも、そのようなデータのIoTを駆使したデータ集約は重要である。

4.3.2　天候別の予測誤差

　これまでに、気象庁気象研究所が中心となり現行の気象庁モデル（GSM・

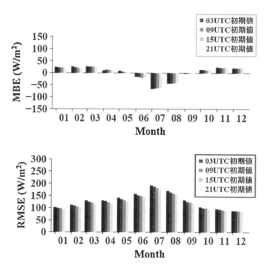

図 4.3.1　気象予報モデルの日射量予測誤差の季節特性[17]

上段は平均誤差（MBE：Mean Bias Error）と下段は2乗平均平方根誤差（RMSE：Root Mean Square Error）を月ごとに計算したもの。03、09UTCは前日の日本時間12、18時の初期値による予測、15、21UTCは当日の日本時間0、6時の初期値による予測結果を意味する。

MSM）のモデル出力値について予測精度検証がなされ、GSMでは少し高めに日射量を出力していること（雲が過少に予測される傾向）、MSMにおいては快晴日にはよく合うことから基本的な放射モデルに間違いはないこと、降水をもたらさないような高層雲や中層雲、下層雲などがほぼ全天を覆っているような時に予測精度が悪くなること、などの基礎的な分析結果が報告されている[17]。

図 4.3.2 は、九州電力エリアにおける天候別に日射量の実測値と予測値の時系列（1時間値）を比較したものである。快晴時（左）や雨が降るような曇天時（中）には日射量予測値は観測値に近い値を示し、気象予報モデルの予測精度が高いことを示している。しかし、薄曇り時などの天候が変わりやすいとき（右）には予測値は観測値よりも高い、あるいは低い値を取ることもあり、予測誤差が大きくなる傾向がある。

第 4 章　IoT/AI を活かした太陽光発電予測

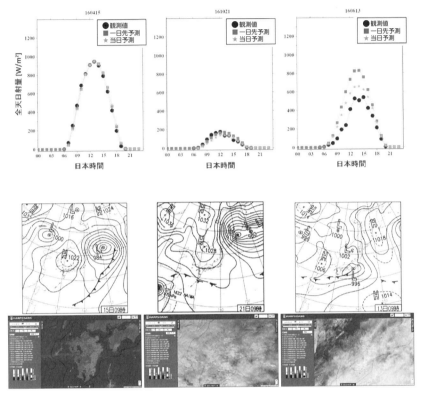

図 4.3.2　日射量予測—天候別（左）晴天時、（中）曇天時、（右）薄曇り時の例

上段は日射量予測の時系列（九州電力エリア平均値）。●印は観測値（OBS）、■印は一日先予測（前日 9 時の予測）、★印は当日予測（朝 6 時の予測）。中段は天気図（朝 9 時、気象庁「日々の天気図」（https://www.data.jma.go.jp/fcd/yoho/hibiten/index.html）より引用、下段は 12 時における静止気象衛星ひまわり 8 号で観測された雲画像（HARPS OASIS システムを利用）。

4.3.3　予測の大外れ

　太陽光発電の発電予測の予測誤差ベンチマークとして、既に需給制御に利用されている電力需要の予測がある。この需要予測と比較して平均誤差に関しても、まだ太陽光発電の出力予測では予測精度のレベルが追いついてはいないものの、更なる特徴として予測誤差の分布がある。予測誤差分布は正規分布とはならず、ゼロ付近が多いが最大誤差も大きくなるファットテールを持つ。**図 4.3.3** には地点と広域の予測誤差の箱ひげ図を示す。約 80 % の予測

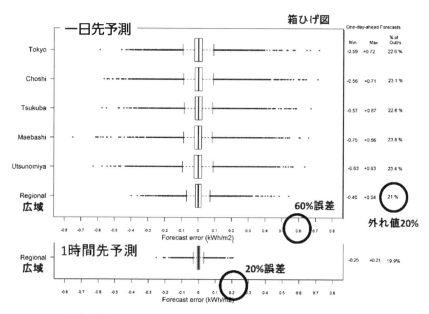

図 4.3.3 東京電力エリアにおける予測誤差の分布の例(気象官署がある日射量予測(ピンポイント予測)と広域エリア予測(5地点の単純平均))(上)一日先予測と(下)1時間先予測の結果

箱ひげ図は予測誤差の箱に 50%の値、ひげの外側の●印は予測誤差が大きい場合(%Outlier の割合)のデータをプロットしたもの(Dr. Joao Gari da Silva Fonseca Jr 提供)。

値の誤差は定格の 10 % 以下であるが、大きく外れる場合では定格の 40 % 程度の誤差が存在する。このような大外れは、需給制御において大きな支障をきたすため、事前に予見することが必要となる。

日射量予測の大外れが日本においてどのような気象状態であるときに生じるのかに関して事例解析も進められている。日本付近に停滞前線(梅雨前線)があるときや台風が接近する場合、また日本付近が高気圧の縁辺にある場合にも地上の日射量予測(一日先予測)が外れる場合があることが報告されており、そのような気象状況(天気図)の場合は大外れに注意する必要がある[17]。

4.4 AI技術などによる太陽光発電予測の高精度・高度化

　気象予報モデルによる日射量予測の誤差の改善には、大きく2つある。1つ目は気象予報モデルそのものの改良を行うことである。日射量予測の改善には、元の気象予報モデルによる雲の再現精度を高める必要があるため、雲のモデルの高度化や放射過程の高度化が重要となる。2つ目は、気象予報モデルに与える初期値データや境界値データの高精度化である。気象予報モデルを駆動するためには、現時点の大気の情報を取り込んだ初期値データが必要であるため、気象観測データの拡充やモデルへの取り込み手法の開発が重要となる。

4.4.1　太陽光発電予測の高精度化

　発電予測は、日射量予測データが最も重要であるが、その他の気象パラメータとして、気温や雲量なども発電特性に影響がある。これら多変量データから発電電力を変換するモデルが必要となる。雲量や相対湿度などの気象予測データを利用して発電電力に変換するモデルにAIの技術が重要となる[19)、20)]。また、気象予報モデルから出力される日射量予測などのバイアス補正にも利用される。気象予測を入力とした、変換モデルとしては、気象予測データの雲量、気温を入力にしてニューラルネットワーク（ANN：Artificial Neural Networks）、Just in Time、SVM（Support Vector Machines）、カルマンフィルタ、ランダムフォレストなどが利用されている。

　短時間予測の場合には、実測の時系列データを利用する予測モデルに畳み込みニューラルネットワーク（Convolutional Neural Network、CNN）やLong Short-Term Memory（LSTM）の利用が検討されている。例えば、降水短時間先予測に多層のニューラルネットワークによる機械学習手法が検討されおり、CNNとLSTMを組み合わせた畳み込みLSTM（ConvLSTM）を用いた予測手法である[18)]。このような予測手法と衛星観測データから推定した日射量データなどを組み合わせた短時間予測への応用などは期待される技術である。

　また、複数の学習モデルの出力をブレンドする方法や、複数の気象予報モ

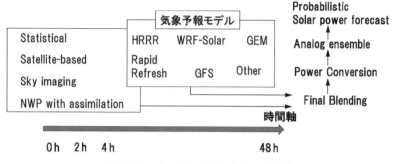

図 4.4.1 Sun4Cast® のイメージ図[12]

米国では短時間先予測や数時間から数日先予測まで、複数の予測モデルを活用し、ブレンドすることで予測の不確実性を考慮している。最終的には太陽光発電の出力に変換し、確率情報も付加している。

デルを統合するモデルアンサンブルなどによる精度向上が報告されている。予測のブレンディング手法の1つとして、米国ではSun4Cast®と呼ばれる予測システムの構築が行われている[12]。**図4.4.1**は横軸に予測期間を示し、それに対して複数の予測手法を導入していることを表している。数時間先の予測には、気象予報モデルだけでも6種類を用いている。より短時間先の予測では、衛星観測データや統計モデルを活用した予測モデルを構築し、複数の予測をブレンドして用いている。

最終的には実測データによる予測誤差の修正、太陽光発電の出力への変換、アンサンブル手法による予測値の信頼性情報を付加した確率予測を含めて予測プロダクトを生成している。

4.4.2 アグリゲーションにおける予測誤差の低減

発電予測の利用先として、送配電事業者の需給制御などがある。この場合、需給バランスを取る制御エリアは、国内で言えば電力会社の管区エリアが対象となり、あるエリアの合計発電出力を予測することが重要になる。この予測を広域予測と呼ぶ。ピンポイントの発電予測は確かに技術的には現状難しいが、広域エリアを対象する広域予測になると予測誤差もならし効果により低減される。**図4.4.2**に示すようにピンポイントの予測誤差（0.1～0.15 kWh/kW）が広域予測の場合は、70%から50%に低減される（0.07 kWh/kW）[19]。

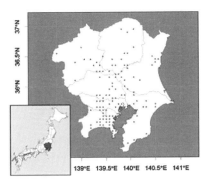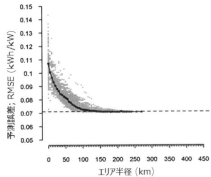

図 4.4.2 エリア拡大による予測誤差低減効果[19]

(左) 東京電力エリアの予測対象地点 (●印) と (右) 予測誤差とエリア半径の関係。灰色は各地点での予測誤差、黒色はその平均値。予測の対象地点を増やす（エリア半径を大きく取る）ことで、ならし効果によって予測誤差がある程度の大きさまで低減する。

　海外の事例においても、南ドイツの各地に設置された太陽光発電を対象に予測精度を評価した結果、1地点における日射量予測ならば、RMSE（Root mean square error）は 37 %（一日先予測）～46 %（3日先予測）、全地点における平均（合計）日射量予測では、13 %（一日先予測）～23 %（3日先予測）となることが報告されている。

　このように、特定のエリアや地点数を組み合わせることにより、予測誤差を低減することが可能であるため、アグリゲーションを行う単位を最適化することが重要となる。

4.4.3　発電予測の不確実性の推定

　発電予測は、完全に予測することはできないため、不確実性を伴う。その不確実性の程度を推定することができれば、そのリスクに対応した計画や制御などが可能となる。例えば、快晴日の予測は比較的当たりやすいため予測値を信用することができる。他方、雲がぽこぽこと発生するような天候の日の予測は難しい。その際は、場合によって大きく外れるかもしれないという、予測の信頼度について事前にわかれば、有益な情報となる。ここでは、不確実性の程度を推定する方法について述べる。

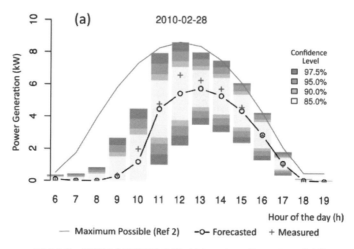

図4.4.3 予測の信頼区間の例（2010年2月28日の事例）

＋印は実測値、〇印は予測値であり、灰色のボックスは予測の信頼区間の幅を示しており、それぞれ85.0、90.0、95.0、97.5％の確率で実測値が入る期待度を表している。参考として、実線は、快晴時であった場合の最大発電電力量を示している。

（1）予測の信頼区間の推定

予測の不確実性を捉える1つの方法として、予測の信頼区間という考え方がある。予測の信頼区間とは、期待値である予測値に加えて、信頼度が付いた区間（信頼区間）を推定または予測する方法である。予測された区間の幅が狭いほど、予測の信頼度が高く（予測誤差が小さい）、幅が広いほど信頼度が低い（予測誤差が大きい）可能性を意味する（**図4.4.3**）。

手法としては、過去のデータベースなどから区間を作成するノンパラメトリック手法と、誤差分布を推定するパラメトリックな手法がある。データベースには一定のデータ量が必要であるが実績に近く、パラメトリックな手法は少ないデータで同定できる可能性もあるが、適当な分布を仮定する必要があるなど特徴がある[20]。

（2）アンサンブル予測の利用

複数の予測値から信頼区間を推定するアンサンブル予測がある。予測を行うには、初期値データ（観測値など）が必要だが、これを少しだけ変化させる（振幅を与える）だけで将来の予測が変わることがある。これを複数実施することで、複数の予測が得られる。**図4.4.4**はアンサンブル予測のイメー

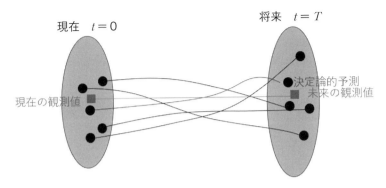

図 4.4.4　アンサンブル予測の概要

アンサンブル予測では、現在（$t=0$）において複数の初期値状態を与えると、将来の予測（$t=T$）では複数の予測が得られる。ばらついた複数の予測値の間に未来の観測値が含まれることが望まれる。

ジを示したものである。現在の観測値が1つあるとして、その周辺に初期値データがばらつきながら存在している。未来の観測値は1つであるが、複数の初期値から複数の予測値を得ることができる。個々の予測をアンサンブルメンバーと呼び、平均的な変動の様子を把握するために平均値を作成する他（アンサンブル平均）、ばらつき具合（アンサンブルスプレッド）を統計的に評価する方法を取る。

　信頼区間の幅が狭い場合は複数の予測値のばらつきも小さく予測精度が高いことを示し、幅が広い場合は予測値のばらつきも大きく予測の精度が低い可能性を意味する。予測された値が常に同じ予測精度を持っているわけではなく、予測が当たりやすい情報なのか、外れやすい情報なのかを同時に提供することが望まれる。予測データの提供者にとっては、できるだけ信頼区間の幅が狭い（予測精度の高い）予測データの作成、提供が求められる。

　アンサンブル予測には、気象予報モデルの初期値を変更する方法の他にも、予報配信時間の異なる複数予測を利用する方法、複数の気象予報モデルなどを利用する方法がある。

（3）予測の大外れの予見

　著者らのグループでは、アンサンブル予測の応用例として、日射量予測や太陽光発電の発電予測の大外れの事前検知をする研究を行っている。**図 4.4.5**

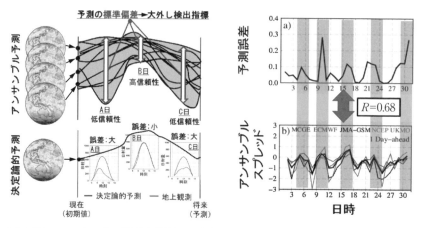

図 4.4.5 アンサンブル予測を利用した東京電力エリアを対象とした日射量予測の大外れの予見の一例[21]

左は複数のアンサンブル予測の例であり、灰色の幅が広い場合は複数の将来シナリオを与えるため予測のばらつきが大きく予測の信頼度が低いこと、狭い場合は予測の信頼度が高いことを意味する。右上は日射量予測の誤差（2015年10月の場合）であり、右下は海外の各予報機関（ECMWF、JMA-GSM、NCEP、UKMO）の一日先の予報のアンサンブルスプレッドを示す。予測誤差とアンサンブルスプレッドは正の相関があり、アンサンブルスプレッドを日射量予測の大外れ指標として活用できる可能性があることを意味する。

は予測誤差の指標（値が大きいほど、誤差が大きい）と海外の予測機関から提供されるアンサンブルスプレッドの時系列を比較したものである。これは、アンサンブルスプレッドが大きい場合は、予測の信頼度が低いこと、予測の大外れの可能性があることを利用したものである。同図からアンサンブルスプレッドが大きいことを数日前から把握することで、日射量予測の大外れを事前に検知する可能性が見いだされた[21]。

4.4.4 太陽光発電の発電予測技術の展開

太陽光発電の発電予測は、当面は送配電事業者における需給制御における利用となるため、広域エリアの一日先の予測が重要となる。一日先予測の予測精度の改善のためには、気象予報モデルを改良することが主な方法であり、予測スキームや観測データを充実させていく必要もある。しかしながら、気象予報モデルなどの物理モデルの改良には現象の理解を進める必要があるため、観測データから現象のメカニズムを解明し、モデル化につなげるため

多くの時間を要する。そのため、予測の不確実性を精緻化していくことがしばらくは重要となる。

また、現状の需給運用システムなどの実務レベルでは、アンサンブル予測や信頼区間のデータをシステムオペレータが直接扱うまでには至っておらず、研究レベルで検討されている段階である。アンサンブル予測データや信頼区間の情報を活用するためには、データを提供する側、利用する側ともにデータの意味や価値について情報を共有し、データの利用の仕方について教育やトレーニングなども必要となる。

将来的なニーズとしては、発電予測のランプ予測がある。ランプとは短時間における急激な出力変化である。急激な出力上昇をランプアップ、出力低下をランプダウンと呼んでいる。例えば、低気圧に伴う寒冷前線の通過時に天候が急に変化しランプを引き起こすことがある。ランプそのものの定義については議論が開始されたばかりであることや、予測をどのように運用で活用するかの議論も平行して行っているところであるが、予測技術としては重要な研究課題となっている。

発電データなどの実測データが多量にあるため、このようなデータをデータ同化手法によって、予測の改善につなげる取り組みを並行して進めることも重要である。地上の日射量は雲のみならず、エアロゾルと呼ばれる大気中のちりによっても影響を受ける。特に、黒色炭素（ブラックカーボン）は光吸収性が高いため、地上の日射量の減少につながる。また、近年は火山活動による火山灰の噴出が太陽光発電の出力特性を低下させる（大気中の浮遊による日射量の減少と太陽光発電システム上への付着による出力低下）。このようなエアロゾルの取り扱いも発電予測の精度向上にも重要である。また、太陽光発電システムに積雪があった場合には、積雪が光を遮断するため、発電特性が低下する。そのため、日射量予測のみならず、積雪の存在有無、融雪モデルなどが予測精度向上のためには求められている。

その次の段階として重要になる技術は、時空間の高分解能化である。予測を利用するニーズとしては、今後は送電レベルのエリア、アグリゲータなどの多地点、個別システムの制御など、様々な空間分解能での予測が必要となる。また、リアルタイムに近い電力市場などの整備に伴い、数時間先から数分先への予測が利用されるようになると考えられる。

短時間になるほど衛星観測データや発電データなど利用できるデータリソースが増加する。衛星観測データは現在では2.5分ごと、16バンドのデータがある。また、発電データの多くは集約化されていないが、スマートメータの普及やIoT技術の発展により、数百万件の住宅用システムや数十万件の工場の屋根やメガソーラーなどの大量のデータが今後利用できる可能性がある。これに加えて気象予報モデルの進展により、様々なデータが利用できることが期待できる。

　一方で、データが大量にあるだけでなく欠測の少ないデータ、計測データの時間情報が正しいことなど、基本情報をしっかりと品質管理することによりデータの質を確保することも重要である。

　このような時空間分解能が高くかつ多量なデータは予測技術に十分に活用しきれていないため、時空間の異なるデータ群であるビックデータを効率的に処理し、深層学習などのAI技術により、高分解能でリアルタイム性のある高度予測・制御の実現が今後期待される。また、太陽光発電の大量導入時には、太陽光発電の実測データが充実することから、これらのデータをフィードバックして、気象予報モデルにデータ同化することにより、日射量予測、発電出力予測の技術を高度化・高精度化することも期待できる。

　このように将来的には、太陽光発電の予測も高精度化することになり、多様な制御への適用が可能になると考えられる。

参考文献

1) 北海道電力：NEDO成果報告書　平成18年度～平成22年度成果報告書　大規模電力供給用太陽光発電系統安定化等実証研究（稚内サイト）　大規模太陽光発電システム導入のための検討支援ツール（STEP PV）（2012）
2) 大関、高島、大谷、菱川、輿水、内田、荻本：太陽光発電の広域的ならし効果に関する分析・評価、電気学会論文誌B、130-5、491/500（2010）
3) H. Ohtake, F. Uno, T. Oozeki, Y. Yamada, H. Takenaka, T. Y. Nakajima : Estimation of satellite-derived regional photovoltaic power generation using a satellite-estimated solar radiation data, Energy Science & Engineering, 6, 570/583 (2018)
4) H. Ohtake, F. Uno, T. Oozeki, Y. Yamada, H. Takenaka, T. Y. Nakajima : Outlier events of solar forecasts for regional power grid in Japan using JMA

mesoscale model, Energies, 11-10, 2714（2018）

5) J. Zhang, A. Florita, B-M. Hodge, S. Lu, H. F. Hamann, V. Banunarayanan, A. M. Brockway : A suite of metrics for assessing the performance of solar power forecasting, Solar Energy,111, 157/175（2015）

6) R. Perez, S. Kivalov, J. Schlemmer, K. Hemker Jr., D. Renné, T. E. Hoffc : Validation of short and medium term operational solar radiation forecasts in the US, Solar Energy, 84, 2161/2172（2010）

7) J. Antonanzas, N. Osorio, R. Escobar, et al. : Review of photovoltaic power forecasting, Solar Energy, 136, 78/111（2016）

8) D. Yang, J. Kleissl, C. A. Gueymard, H. T.C. Pedro, C. F.M. Coimbra：History and trends in solar irradiance and PV power forecasting : A preliminary assessment and review using text mining, Solar Energy, 168, 60/101（2018）

9) 嶋田、劉、吉野、小林、和澤・気象モデルによる日射予測　その1：予測システムの概要と精度検証、日本太陽エネルギー学会学会誌、39-3、53/59（2013）

10) 気象庁予報部　平成29年度数値予報研修テキスト「数値予報システム・ガイダンスの改良及び今後の開発計画」、数値予報解説資料（50）、155（2017）

11) H. Takenaka, T. Nakajima, T. Y. Nakajima, A. Higurashi, M. Hashimoto, K. Suzuki, J. Uchida, T. Inoue : Nowcast and Short-term forecast of Solar radiation and PV power using 3rd generation geostationary satellite, 97th AMS Annual meeting, 13th Annual Symposium on New Generation Operational Environmental Satellite Systems, 017/1/25（2017）

12) S. E. Haupt et al. : The Sun4Cast® Solar Power Forecasting System : The result of the public-private-academic partnership to advance solar power forecasting, NCAR Technical Note NCAR/TN-526＋STR, 307（2016）

13) A. Kumler, Y. Xie, Y. Zhang : A Physics-based Smart Persistence model for Intra-hour forecasting of solar radiation（PSPI）using GHI measurements and a cloud retrieval technique, Solar Energy, 177, 494/500（2019）

14) 瀧川喜義：太陽光発電の出力実績推定・予測システムの開発と実用化、四国総合研究所研究時報、104、27/39（2016）

15) 九州電力株式会社：再エネ出力制御実施に向けた対応状況について、第11回系統WCプレゼン資料（2017）

16) O. Yatsubo, S. Miyake, N. Takada : Technologies for estimation and forecasting of photovoltaic generation output supporting stable operation of electric power system, IEEJ Transactions on Electrical and Electronic Engineering, 13-3, 350/355（2018）

17) 大竹、宇野、大関、山田：最新の気象庁現業数値予報モデルの日射量予測の検証, 電気学会論文誌 B, 138-11, 881/892（2018）
18) X. Shi, Z. Chen., H. Wang., D. Yeung., W. Wong., W. Woo : Convolutional LSTM Network : A Machine Learning Approach for Precipitation Nowcasting, arXiv : 1506.04214（2015）
19) J. G. S. Fonseca Jr., T. Oozeki, H. Ohtake, K-I. Shimose, T. Takashima, K. Ogimoto : Regional Forecasts and Smoothing Effect of Photovoltaic Power Generation in Japan : An Approach with Principal Component Analysis, Renewable Energy, 68, 403/413（2014）
20) J. G. S. Fonseca Jr., T. Oozeki, H. Ohtake, T. Takashima, K. Ogimoto : On the Use of Maximum Likelihood and Input Data Similarity to Obtain Prediction Intervals for Forecasts of Photovoltaic Power Generation, Journal of Electrical Engineering & Technology, 10-3, 1342/1348（2015）
21) F. Uno, H. Ohtake, M. Matsueda, Y. Yamada : A diagnostic for advance detection of forecast busts of regional surface solar radiation using multi-center grand ensemble forecasts, Solar Energy, 162, 196/204（2018）

第5章

プロシューマとスマートアグリゲーション

　自由化が更に進んだ将来の電力システムにおいては、アグリゲータは前日に需要の予測、再生可能エネルギー発電の予測、スポット市場における価格予測を行い、再生可能エネルギー電源の有効利用、電力調達コスト最小化、売電による収益の最大化、調整力の創出とそれによる電力システムの安定化への貢献の最大化や収益の最大化など、様々な目的を考慮し、ネットワーク制約（送配電系統における制約）を考慮した最適な計画を作成する。また、運用当日には、予測誤差に対して調整用の電源・蓄電池を含めた機器の制御と時間前市場を活用した計画値の修正により、計画値同時同量の達成という責務を担う。本章では、このようなアグリゲータによる日々の需給調整を、順を追ってより具体的に見ていくことにより、その機能と可能性について掘り下げていく。

5.1　IoT/AIによる予測

　翌日の太陽光発電の予測については第4章で述べたとおりであるが、アグリゲータによる日々の需給調整では自らが契約する需要家・プロシューマの需要予測も必要となる。当日の需給調整に使用するリソースである蓄電池は、その大半が個別の需要家に分散的に設置されているため、これらの活用を含めた計画値の作成には、需要家群全体の需要予測だけでなく、個々の需要家の需要も予測する必要がある。そして、多様かつ大量の需要家の需要予測において活躍するのがIoT機器、すなわち情報ネットワークにつながったスマートメータや蓄電池、家電機器と、これらのデータから需要を予測するAIである。

　電力需要は一般に家庭部門における生活パターン、業務部門における営業

時間・就業時間や産業部門における生産設備の稼働時間など、時間的に変化するパターンを持つ需要の他、空調機器に代表される気温に影響を受ける需要や、特定のイベントに依存する需要などがある。アグリゲータは、IoT技術により収集された過去のデータから、回帰分析や機械学習など、様々な手法で翌日の需要を予測する。

5.2 不確実性をどう受け入れるか

　アグリゲータは翌日の太陽光発電、需要予測と電力市場における各スポットの価格予測などを用いて、様々な目的を考慮して翌日の需給計画を作成する。この際、いずれの予測値にも不確実性や予測誤差があるため、計画値の作成ではあらかじめこれらを考慮する必要がある。太陽光発電や需要の予測においては、「ある程度の確率でこの範囲に収まるであろう」という予測をした場合にも、その範囲を超えて大きく外れる可能性はゼロではないため、このような大外れの可能性をどのように日々の計画の中に取り込むかが重要となる。
　一般に、太陽光や需要の予測精度は、その対象の数・規模が大きくなるに従い向上し、大きく外れるリスクも小さくなる。電力システム全体において需要や発電の予測が大きく外れ、停電などのリスクが発生することは避けなければならないが、このような規模になると不確実性はかなり低減されることが期待できる。
　一方で、著者らが想定するアグリゲータ・バランシンググループでは比較的小規模なものも想定しており、この場合にはある程度の大外れに備えておく必要がある。極端に稀頻度のリスクに常時備えておくことは経済性の面で合理的ではないが、「不確実性がある」という前提で計画値を作成することが重要であり、予測誤差が発生したときの影響・リスクと対策をあらかじめ考えておく必要がある。
　例えば、アグリゲータ・バランシンググループでの計画値からの逸脱において、インバランス精算による経済的損失が主なリスクである場合には、ある程度のリスクを許容した計画値の作成が可能であるが、需要に対して供給が不可能になる、といった場合には負荷遮断など需要家の不利益に直結する対応を行う必要がある。停電は経済活動に多大な影響を及ぼすのみならず、生

命を脅かすリスクもあるため、このような負荷遮断が頻発するような計画値の作成は、社会受容性が低く実用的ではない。

また、電力システムの中で太陽光発電などの不確実性を持つ変動性の再生可能エネルギーの導入が進み、アグリゲータの計画値逸脱をインバランス精算する量が増えると、インバランス調整用の電源が大量に必要になってくる。これは、計画どおりに需給を維持できたときには使わない電源を計画値逸脱に備えて多く用意しておく、ということであり、その稼働率は著しく低くなる懸念があり、経済的にも合理的ではない。

したがって、社会コスト最小化、太陽光発電導入に対する社会メリット最大化を考える上では、個々のアグリゲータなどの電力システムにおけるプレイヤーが、それぞれ時々刻々の需給を計画値どおりに維持することが重要となる。

一方で、需要が求める電力の品質も様々であり、ある程度の停電リスクを許容できる需要も存在する。現在の電力システムがそうであるように、今後はアグリゲータにおいても、需給調整契約のように常時には電気料金の割引などでインセンティブを与え、非常時には負荷遮断を行う、といったことも想定する必要が出てくるであろう。

将来的には、こういったときには情報ネットワークにつながった蓄電池の活躍が期待されるのであるが、これについては5.7節で述べることにする。

5.3 予測不確実性を許容する計画

不確実性を持つ予測値と、その調整役としての蓄電池を想定した翌日の計画作成には、従来とは異なり、時々刻々の値だけでなく、一日を通したプロファイルを考慮した計画値の作成が必要となる。以下ではその概略と研究事例について紹介する。

5.3.1 信頼区間とプロファイル

近年、翌日の太陽光発電や需要を予測するときに、1つの予測値だけではなく複数のモデルを用いて複数の予測値を算出したり、過去のデータから類似する気象条件などを選択し、そのときのデータのばらつきから予測値の持

つ不確実性を予測する手法が用いられるようになってきた。また、数値予報では計算に用いる初期値にばらつきを与えることにより複数の予測値を得て、そのばらつきで予測の確からしさを評価する、アンサンブル予報という手法も用いられている。

このような予測を広い意味で「信頼度付き区間予測」と呼ぶ。翌日の実際の値がある確率でその区間の中に入る、という考え方で用いられる場合が多く、例えば「95％信頼区間」であれば、95％の確率で実際の値はその範囲に入ると考えられるが、逆に5％はその範囲を逸脱する可能性がある、とも言える。

また、信頼区間の上下限値が大きく広がっている場合、例えば太陽光発電の予測において下限値がゼロに近く、上限値が定格出力に近い場合などは、確かにその範囲に発電量が入る可能性は高いが、これは予測をしていないことと大きな違いがないことになってしまう。

予測が外れた場合に、時々刻々の需給の不一致を調整する役割を担う機器として、著者らの考えるスマートアグリゲーションでは、蓄電池の普及を想定している。従来、この役割は火力機などの従来型電源が担ってきたものであり、従来型電源は燃料さえ確保しておけば、その運転可能範囲においてきめ細やかな需給の調整が可能である。

一方、蓄電池はある充電状態においては、そのときに充電または放電可能な電力、および電力量の範囲で需給調整を行うことが可能であるが、既存電源とは異なり、次の時間帯において調整可能な範囲が、それ以前の運転状況によって変化する。したがって、予測不確実性を考慮した計画において蓄電池を調整力として利用するためには、ある時刻における調整力だけではなく、それ以前の時間帯でどのように使ったのか、複数の時間帯にわたる様々な予測誤差の発生と、それへの対応を考える必要がある。

翌日24時間で考えた場合、信頼区間の範囲内だけを考えても各時刻の発電・需要の組み合わせは無限に近く、一日を通した全ての組み合わせ、すなわち需給のプロファイルを考慮して、全てに対応可能な蓄電池の容量を常に確保しておくことは困難である。信頼区間の上限値、および下限値を用いてその両方に対応可能な蓄電池の運用方法を計画したとしても、無限に近い全ての需給プロファイルに対して調整力を確保していることにはならない点に注意が必要である。

5.3.2 予測不確実性を許容する計画の作成方法

1.2.2 項において、太陽光発電予測には、大外れすること、地点での予測や秒単位など高い時空間分解能での予測は難しいことなどについて述べた。ここでは、そうした不確実さを含む予測をどのように用いて電力供給量を最適に計画するかについて 2 つのアプローチを述べる。

太陽光発電予測には、4.4.3 項で述べた信頼度付きの区間予測と、ノイズを含む信号として予測する確率予測がある。ここでは、前者の予測を用いた最適計画手法を区間アプローチ、後者の予測を用いた最適計画手法を確率アプローチと呼ぼう。

図 5.3.1 の区間アプローチでは、太陽光発電予測において信頼度付きの区間予測（例えば 90 % の確率でこの区間内に発電電力が存在するといった予測

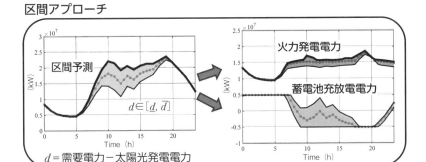

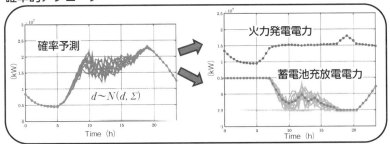

図 5.3.1　区間アプローチと確率的アプローチ

バランシンググループによる需給計画において、太陽光発電予測の不確かさに対して、信頼度付きの区間予測を用いるアプローチか、もしくは予測値をノイズを含む信号として扱う確率的アプローチの 2 種類が考えられる。

情報）が与えられたとき、この区間内で発生し得る全ての需要プロファイルに対して、火力発電と蓄電池の下で最も経済的に効率の良い火力発電計画を得たい、という問題を考える。このとき、図中の区間アプローチの左図は、需要電力予測から太陽光発電予測を差し引いた正味の需要電力を表す。

需要電力予測は、一般には太陽光発電予測に比べて予測しやすいため、ここでは各時刻で1つの予測値が与えられているとする。太陽光発電予測が区間で与えられるため、同図では正味の需要が区間で与えられている。いま、おのおのの正味の需要プロファイルに対して最適化問題を解き、最適な火力発電プロファイルと最適な蓄電池充放電プロファイルを求め、図示したものが右図に相当する。一般に正味の需要プロファイルは無数に存在するため、最適な計画の区間を厳密に求めることは容易ではないことがわかるであろう。

実は、最適化問題の解が有する特徴に着目すると有限個のプロファイルの組み合わせだけで解くことが可能であることがわかっている[1]。さらに、得られた最適な区間発電プロファイルから火力発電機の起動停止計画（Unit Commitment、UCと称す）問題を解くことが考えられる。この詳細は、5.4節を見られたい。

一方、確率アプローチでは、正味の需要予測値の平均値をベースに最適計画問題を解き、火力発電の発電プロファイルを導出するものである。いわゆる評価関数が期待値として与えられる手法であり、蓄電池が十分にあることで、予測の不確実さをノイズのように扱い、需給の過不足分を補償することができる場合は本手法は有効であろう。

5.4 スマートアグリゲーションにおけるUC

アグリゲータや需給バランシンググループにおいては、火力発電機などの従来型電源も様々な形で活用されるが、その起動停止計画（UC：Unit Commitment）も、予測不確実性を考慮する必要がある場合には従来とは異なる手法が必要となる。以下に、従来手法と予測を利用したUCについて概説する。

5.4.1 UCの現状と未来

多数の発電機の経済性（燃料費や起動費などの発電機の運用費）を考慮し

てその出力を決定する電力系統の経済運用の1つに、火力発電機のUCがある。一般的なUCでは、負荷需要に対して適切な供給力（供給予備力）を確保できるように、系統内の多数の発電機の起動または停止状態が、経済性を考慮して運用の一日前に計画（計画期間：1日、時間断面：数十分程度）される（UCについては、7.1.1項にて詳述する）。

これまでの電力系統では、UCは電力会社の系統運用部門が系統全体を一括して行っていたが、第2章で述べたように電力自由化が進展すると、各アグリゲータも所有する電源についてUCを行うことになる。よって系統全体のUCは、各アグリゲータ・発電事業者のUCを集約した結果として得られる。

前日市場での取引（相対を含む）によって、各アグリゲータの翌日の発電または消費電力量は時間帯ごとに約定電力量として決定される。この、時間帯ごとの約定電力量と実際の発電・消費電力量が一致するよう、各アグリゲータは、発電機、太陽光発電、蓄電池などの発電・消費計画を作成する。様々なリソースによる発電・消費計画の一部として、各アグリゲータのUCは決定される。

なお、2.2節にて前述したとおり、アグリゲータは発電、負荷、蓄電を様々に組み合わせた契約需要家を束ねる存在であり、各アグリゲータは、市場取引で約定した発電・消費電力量の一致だけでなく、契約需要家との発電・消費電力量についても一致させるよう、発電・消費計画を作成する必要があることに注意する必要がある。

5.4.2　予測を利用したUC

将来の電力系統では、前日市場での取引（相対を含む）において、各アグリゲータの翌日の時間帯ごとの発電または消費電力量（約定電力量）が決まる。各アグリゲータは、時間帯ごとの約定電力量を一致させるため、発電計画を実施することになる。大型発電機、太陽光発電、蓄電池、デマンドレスポンスなど、アグリゲータの有するリソースには様々な種類があるが、大型発電機を有しているアグリゲータは、発電計画においてUCを行う必要がある。

ここでは、大量の太陽光発電、多数の大型発電機、蓄電池システムを有するアグリゲータが、太陽光発電の区間予測（4.4.3項参照）を利用して発電機UC・蓄電池充放電計画を作成した研究事例を紹介する[2]。この計画作成は5.3.2項

第 2 部　スマートアグリゲーションに向けた先端的アプローチ

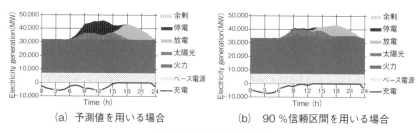

図 5.4.1　発電出力曲線

における「区間アプローチ」に該当し、さらに実際の太陽光発電出力を想定した当日運用の評価も行った。

図 5.4.1 に、太陽光発電の 1 時間ごとの予測値を用いて発電機 UC・蓄電池充放電計画を作成した場合と、1 時間ごとの信頼区間を用いて発電機 UC・蓄電池充放電計画を作成した場合の、当日の発電出力曲線を示す。ここでは、90 % の信頼区間を利用しており、当日の太陽光発電出力が 90 % 区間の上限または下限であったとしても、停電や余剰が発生しないように、発電機の起動台数および蓄電池の充放電電力を決定している。同図から、信頼区間を利用して発電機 UC・蓄電池充放電計画を作成することで、停電が減少していることが確認できる。

5.5　様々な制約を考慮した配分

多くのプロシューマを抱えるアグリゲータが翌日の計画値を作成し、各時刻の需要量と必要な発電量および蓄電池の充放電量が決定される。しかし、実際には個々の蓄電池は分散的に個別のプロシューマ側に設置されているため、必要な制御量を個々の蓄電池に適切に配分する必要がある。

ここで、何を配分すべきかについて考えてみる。需要予測や太陽光発電予測において予測誤差がない状況下では、計画値すなわち電力の潮流目標値（契約している全プロシューマの受電点での電力の総和）を配分することも、それに合せるための蓄電池の充放電量を配分することも同じ意味になる。しかし、運用当日に予測誤差が発生する状況下では、この 2 つの意味が異なってくる。計画段階で決めた充放電量を配分した場合には、当日、全ての機器が

計画どおりに充放電を行ったとしても、予測誤差の分、実際の需給、すなわち電力潮流は計画値からずれてしまう。

一方で、計画段階で潮流目標値を配分した場合には、個々のプロシューマが当日発生する予測誤差に対して、あらかじめ配分された目標潮流を満たすように蓄電池の充放電制御を行うため、最終的に計画値に近い電力潮流が得られる可能性が高くなる。

潮流目標値の配分においては、一見、公平に見える単純な目標潮流の均等配分を行ったとしても、個々のプロシューマの需要や太陽光発電は異なっており、また個々の蓄電池の容量は小さいため、すぐに満充電となり充電余力がなくなってしまう蓄電池があったり、逆にすぐに完全放電となり、放電余力がなくなってしまう蓄電池が発生してしまう。

したがって、公平性についても同一という公平性ではなく、電力の利用における受益者負担原則や計画値からの逸脱に対する原因者負担原則、またはアグリゲータ全体最適における適切な配分と負担の大小に対する補償およびインセンティブの設定など、社会受容性を考慮した配分が必要となる[3]。

さらには、ある蓄電池が充電しているときに、隣の蓄電池が放電を行っている、といった無駄な同時充放電がアグリゲータ内で発生してしまう懸念もある。また、配分した潮流がある地域において一方向に偏っていた場合には、配電系統の電圧制約により、その潮流が達成できない可能性も生じる。

一日の運用が終わった段階で翌日の計画を立てる際には、蓄電池の充電状態が50％程度であれば充電側にも放電側にも動ける容量が確保されているが、満充電に近い状態であればそれ以上の充電が難しく、逆に完全放電に近ければそれ以上の放電が難しくなるため、翌日の計画を立てる際の制約となってしまう。したがって、できるだけ各蓄電池の充電状態を50％に近づけるような計画も重要となる。

アグリゲータによる計画値の配分においては、これら全ての要因を考慮し、送配電系統において実現可能であり、できるだけ無駄な充放電を行わず、個々の蓄電池ができるだけ満充電または完全放電の状態にならないよう、また充放電という負担が社会受容性のある公平性を考慮して配分された、アグリゲータとしての全体最適に近づくような調和的な配分を行う必要がある[4]。

5.6　多様性を利用した当日運用

　前節で述べたような考え方に基づき、個々のプロシューマに電力潮流の目標値が前日配分される。そして、運用当日に生じる予測誤差により目標潮流からの逸脱が発生する場合には、個々のプロシューマで対応できないときには計画値からの逸脱が生じることとなる。しかし、多様な需要家、プロシューマ、電源を集めたアグリゲータでは、どこかで蓄電池が満充電となりそれ以上の充電ができなかったとしても、どこかに充電余力のある蓄電池があったり、別の場所では出力の調整が可能な電源があったりすることが想定される。

　したがって、これらの多くの機器を協調的に制御する事が望ましいが、運用当日、リアルタイムで大規模・分散的に存在する多くの機器から情報を収集し、最適な協調動作を瞬時に計算し、遅延なく制御指令を送ることは、情報ネットワークと計算量の問題から現実的ではない。

　そこで、あらかじめアグリゲータ内にどのような多様性があるかを考慮した自律的な制御をプロシューマ側に設定することで、確率的にではあるが、協調的な動作を集中制御なしに実現することが可能となる。確率的な制御であるため、外れた分に対する確実性を持った調整力が必要にはなるが、全ての予測誤差に対する不確実性に比べると必要な調整力を大幅に低減できることが期待できる[4]。

　このような、そもそもアグリゲータ内に存在する多様性を協調的な動作に生かすための研究は、まだまだ発展途上であるが、アグリゲーションにおいては多様性こそが集約の効果を生む価値であり、「何を集めるか」という視点で捉えたときに「多様性」というものが1つの重要なキーワードとなる。

　個々のプロシューマにとってみれば、自身の所有する蓄電池をアグリゲータにより配分された計画値に合わせるように充放電することは、アグリゲータ全体で見たときの電気料金の抑制にはつながるが、直接的なメリットを感じにくい。そこで、従来の「電気を使った分支払が生じる」、という従量制の考え方だけではなく、アグリゲータ全体の最適な運用に貢献した度合いによって電気料金が安くなる、といった、個々のプロシューマに対する適切なインセンティブ設計が重要となる。

これは、DR の集約についても同様で、IoT/AI による不便を感じない DR であれば、プロシューマにとっては単純な収益機会の増大になるが、需要抑制などを伴う場合には不便を感じる事もあるため、これに見合うインセンティブ設計が必要となる。また、蓄電池の充放電は実際には蓄電池の劣化を早めることになるため、これについても配慮しておく必要がある。

5.7 調整力の創出に向けて

これまで、計画値同時同量の達成に対して、アグリゲータの計画・配分・制御を見てきた。しかし、第 2 章で述べたように将来の電力システムでは電力の価値が多様化し、特に調整力という ΛkW 価値が重要となってくる。計画値同時同量の達成のために各プロシューマ側に設置される IoT 機器、蓄電池などは、そのまま、その余力を用いて調整力を産み出す機器となる。

予測誤差に対応する当日運用と同様に、ここでも全ての蓄電池の充電状態をリアルタイムで集約し、必要な調整力を個々のプロシューマに配分することで遅延なく調達することが理想的ではあるが、実際には規模の拡大に伴い、そのような制御は困難となる。したがって、階層的な制御など、情報通信ネットワークと計算量を現実的な制約内に抑える手法が広く検討されているが、先の多様性の活用と同様、最終的に得られる調整力を確率的なものとして許容すれば、その不確実な部分のみ、確実な調整力を確保しておくことで、全体として大きな調整力を得られる可能性がある。

従来、停電しないこと、確実であることが重視されてきた電力システムの運用において、不確実性、多様性を上手に取り扱い、確率的に得られる価値と確実に得られる価値を組み合わせることで、全体として高効率な運用が実現できることが期待される。

参考文献

1) M. Koike, T. Ishizaki, N. Ramdani, J. Imura : Optimal Scheduling of Storage Batteries and Thermal Power Plants for Supply-Demand Balance, Control Engineering Practice, 77, 213/224（2018）
2) 髙橋、小林、益田、R. Udawalpola、大竹、J. G. S. Fonseca Jr.：太陽光発電予

測区間に基づく蓄電池システムを用いた電力系統需給運用の基礎検討、電気学会電力技術・電力系統技術合同研究会 (2018)
3) T. Sasaki, J. Cui, Y. Ueda, M. Koike, T. Ishizaki, J. Imura : Linear combination of day-ahead charge/discharge scheduling toward multi objective analysis of energy management system, Japanese Journal of Applied Physics, 57-8S3, 08RH02-1/2-6 (2018)
4) J. Cui, T. Sasaki, Y. Ueda, M. Koike, T. Ishizaki, J. Imura : Day-ahead allocation of planned power flow and real-time operation method for residential houses with photovoltaic and battery for maximum use of distributed batteries, Japanese Journal of Applied Physics, 57-8S3, 08RH03-1/3-8 (2018)

第6章

電力市場とスマートアグリゲーション

　電力システム改革により、電力会社に新たなビジネスチャンスが誕生することが大きく期待されている。本章では、電力システム改革の現状と課題を整理したのち、太陽光発電の基幹電源化のために未来の電力市場やそれに参加するエージェントおよびアグリゲータがどうあるべきかを説明し、予測とリスクの情報を用いた未来の市場取引の姿と、スマートアグリゲーションの役割について述べる。

6.1　従来の電力市場とその課題

　我が国では、平成25年（2013年）4月2日に閣議決定された「電力システムに関する改革方針」に基づいて、電気事業の制度改革が進められてきている。1.1節で触れたとおり、2020年までに3つの柱からなる改革を完了する計画であった。現在、需給調整市場などで、制度の詳細設計が議論されている改革事項もあるが、ここでは、この電力システム改革における電気事業体制と電力市場を説明し、その課題を指摘する。

6.1.1　電力システム改革における電気事業者の類型と重要機関

　電力システム改革における小売り事業の全面自由化に伴い、電気事業の類型が見直され、「発電事業」「送配電事業」「小売電気事業」の大きく3つに分けられた。これらの事業ごとに役割と必要な規制を課している（**図6.1.1**）。一法人が発電事業と小売電気事業を営んでもよい。しかし、2020年以降は、一般送配電事業だけは、1つの法人が他の類型と兼業することはできない。すなわち、電力システム改革以前は、旧一般電気事業者が発電事業、小売電

第 2 部　スマートアグリゲーションに向けた先端的アプローチ

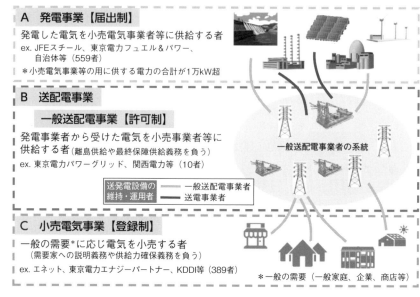

図 6.1.1　電気事業の類型

送配電事業は経済産業省の許可制で、地域独占の体制により安定供給の責任を負う。一方、発電事業と小売事業は、新たな市場環境で経済性とサービスの向上を競う。

気事業に加え、送配電事業を営んできたが、2020 年までには、送配電事業を別法人とし、持ち株会社がこの送配電事業会社を所有する体制を整えることとなっている。これを法的分離という。

このように、送配電事業は、他の産業とは異なる電気事業特有の位置づけをされている。すなわち、電力は現時点では経済的に大量に貯蔵することはできないため、発電された電力は、送電線と配電線、変電所などからなる電力流通設備を使って、直接瞬時に最終需要家に届けられる。電力小売事業者が発電事業者から一度電力を受け取って保管し、そこから改めて配送されることはない。

全国津々浦々に網の目のように張り巡らされている、この電力流通設備の所有と運用・制御を行うのが一般送配電事業者である。電力流通設備は、ネットワーク上になっており、ある 1 カ所の現象が、他へ影響を及ぼすため、全国を旧一般電気事業者（東京電力、関西電力、中部電力などの地元の大手電力会社）が管轄する 10 エリアに分割し、各 1 エリアを一社の一般送配電事

業者が、電力の系統運用者として包括的に運用制御を行い、最終的な電力の供給責任を果たす役割を担っている。

こうした電力システム改革における事業類型の整備に合わせて、市場監視や広域的な電力系統の運営支援、電力価格指標の形成などを行う重要機関も整備された。

●重要機関1：電力・ガス取引監視等委員会

電力システム改革により、電気事業に競争原理が導入されても、無秩序に事業を行うことは望ましくない。例えば、発電事業者が卸電力市場で電気の売り渋りをして電力価格を釣り上げたり、小売事業者が電力需要家に対して強引な勧誘を行ったりすることは、健全な競争とは言えない。そこで、電力・ガス・熱供給の自由化に当たり、市場の監視機能等を強化し、市場における健全な競争を促すために、経済産業大臣直属の組織である電力・ガス取引監視等委員会（監視等委員会）[1]が設立された。監視等委員会の委員長および委員4名は、法律、経済、金融または工学の専門的な知識と経験を有し、そ

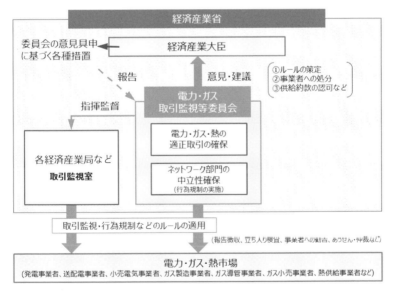

図6.1.2 監視等委員会と経済産業省・市場の関係

電力システム改革後も電力の適正取引とネットワーク部門の中立性の確保が必要であり、行政によるルール策定、事業者への処分、供給約款の認可などが実施される。

の職務に関し、公正かつ中立な判断をすることができる者のうちから、経済産業大臣により任命されている（**図6.1.2**）。

- **重要機関2：電力広域的運営推進機関（OCCTO）**

送配電事業は、社会的な送配電設備の二重投資の防止や、一体的な設備形成・運用制御の実施のため、認可に基づく地域独占が認められている。発電事業者や小売事業者は、この電力ネットワークの技術的な制約の下で競争をすることになるため、例えば、電力需給逼迫時には大規模停電を回避するために、各市場参加者の需給計画を変更し、一時的に需要を抑制したり、発電機出力を調整したりすることが必要となる。このとき、各市場参加者の経済合理的な行動が抑制される場合もある。このように技術的な制約を課すことも時にはやむを得ない電力ネットワークの計画・運用・制御においては、公平性を日本全国レベルで担保する必要がある。

電力広域的運営推進機関（OCCTO：Organization for Cross-regional Coordination of Transmission Operators, Japan）[2]）は、電気事業法に基づく認可法人であり、中立で公平な立場から、**表6.1.1**に示す業務運営を行う。全国

表6.1.1 OCCTOの主要な4つの役割

OCCTOは、日本全国の広域的な電力ネットワーク技術に関連する運用監視・指示やルール策定などを行い、公平なネットワーク利用を支える。

▶ **全国規模で平常時・緊急時の需給調整機能を強化** 需給状況の悪化時に、事業者へ改善のための指示 24時間365日、需給状況や系統運用状況を監視 計画管理により、全国規模の需給バランスの状況を把握
▶ **中長期的にも安定供給を確保** 供給計画の取りまとめや広域機関電源入札により安定供給を担保 広域連系系統の長期方針や整備計画を策定し、必要な設備増強を主導
▶ **電力系統の公平な利用機関を整備** 系統運用者や系統利用者が遵守すべきルールを策定 発電設備の系統アクセス検討を受付 系統線の利用を管理 事業者間のトラブルを解決
▶ **スイッチングに係る手続きを支援するためのシステムを運用**

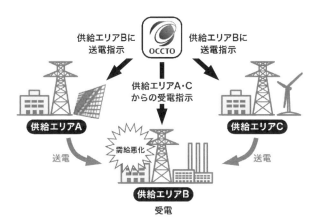

図 6.1.3　電力需給悪化時の OCCTO による指示イメージ

競争環境下にあっても、各供給エリアの一般送配電事業者は、緊急時には OCCTO からの送電・受電指示を受けて大規模停電を回避するように協力する。

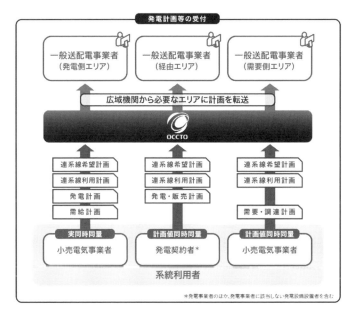

図 6.1.4　OCCTO による需給計画の取りまとめ

電力ネットワークを流れる電力は、各市場参加者の電力取引が積み上げられたものとなる。したがって、各市場参加者の需給計画を集約し、電力ネットワークの使用状況を把握し安定供給の維持に努める。

規模での短期需給調整では、例えば電力需給悪化時に供給エリアをまたぐ供給力の融通を指示する（**図6.1.3**）。また、需給計画、発電計画、連系線使用計画などを発電事業者や小売電気事業者から取りまとめ、各エリアの一般送配電事業者に通知する（**図6.1.4**）。

● **重要機関3：日本卸電力取引所（JEPX）**

日本卸電力取引所（JEPX）[3]には、翌日受渡しをする「スポット市場」（Day-ahead Market、一日前市場、前日市場とも呼ばれる）と、当日数時間先の電力を取引する「時間前市場」（Intra-day Market、当日市場、直前市場とも呼ばれる）がある（**図6.1.5**）。この他にも、先物・先渡市場などもあるが、取引量はスポット市場と比較して極めて小さい。

表6.1.2は、スポット市場と時間前市場の概要である。いずれの市場も取引エリアは日本全国であるが、入札時に一般送配電事業者のエリアを指定する必要がある。エリアごとの電力需給の状態から連系線の使用状況が明らかになるため、JEPXは入札状況を取りまとめ、OCCTOに通知し、OCCTOが連系線使用の可否判定を返信する。

なお、我が国の卸電力市場には、JEPXにおける取引所取引の他にも、発電事業者と小売事業者の相対取引がある。2017年12月時点で、新電力は、JEPXから38.9％の電力を調達している。一方、旧一般電気事業者から新電力が電力供給を受ける相対契約の一種である常時バックアップは14.9％となっている。残りの53.8％は、常時バックアップ以外の相対取引と考えられる。

図6.1.5　JEPXで扱う取引の範囲

電力取引所では、電力売買契約のマッチングを行う時間帯から、実際に電気が使用される電力の実受け渡し時間までの時間に応じた商品が用意され、商品ごとに市場参加者の取引ニーズを集約し、各市場参加者にとって納得できる電力取引を促進する。

表6.1.2　JEPXにおけるスポット市場と時間前市場の概要

電力取引所で取引される電力は詳細に定義されている。市場参加者は、この商品定義を理解した上で自身の電力取引のニーズに沿った取引注文を行う。

スポット市場の概要

エリア	全国市場
	入札時にエリア指定
商品	一日を30分単位に区切った48商品
最小入札単位	1 MW

電力量換算では商品が30分単位のため500 kWhとなる

- 翌日の24時間分を取引する。1年366日取引を行う
- 入札は締切時限までに価格と量を指定するブラインドオークション方式
- 複数時間帯を指定するブロック入札が可能
- 連系線空き容量の範囲で約定させるため市場分断し、全国統一価格にならない場合がある
- あらかじめバランシンググループのコードなど受渡契約の届出が必要

時間前市場の概要

エリア	全国市場
	入札時にエリア指定
商品	一日を30分単位に区切った48商品
最小入札単位	1 MW

- 30分単位の商品ごとにザラバで取引
- 24時間開場しており、毎日17時から翌日の取引が開始される
- 各商品について受渡の1時間前まで取引が可能
- ザラバで価格条件が合った後、連系線の託送可否判定を行い、託送可能な量について約定する
- あらかじめバランシンググループのコードなど受渡契約の届出が必要

6.1.2　現状の電力市場

　電力市場を広く捉えると、発電事業者から小売事業者が電力を調達する卸電力市場と、小売事業者が最終需要家に電力を販売する小売市場に分けられる。

　海外の卸電力市場を見ると、JEPXの主な範囲であるスポット市場と時間前市場の他にも先物取引、先渡取引、需給調整（リアルタイム）・インバランス取引などが存在する（**図6.1.6**）。実時間に現物としての電力は、金融用語で原資産と呼ばれる。一方、原資産を受け渡すことを直接の目的とするのではなく、原資産の価格変動リスクを回避（ヘッジ）するための事前取引を、原資産に対してデリバティブ（派生商品）と呼ぶ。先物・先渡取引は広く一般的なデリバティブ取引であり、**表6.1.3**に示すように、海外では、電力デリバティブを取り扱う取引所も存在する[4]。

　さて、次に電力小売市場の現状を確認したい。小売市場は、これまでも大口需要家を対象に自由化されていたが、電力システム改革により、需要家の

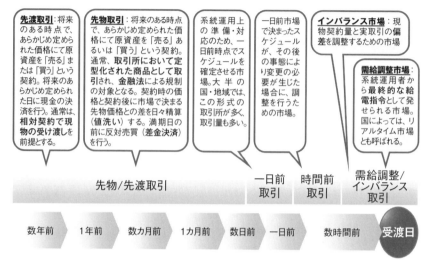

図 6.1.6　電力取引の種類
電力自由化が先行する諸外国では、我が国では一般的でない商品も含む様々な電力商品が取引されている。ただし、商品定義の詳細は各国により異なる[6]、[7]。

規模に関わらず、全ての需要家が自由化の対象となり、小売電気事業者を自由に選択することが可能となった。この自由化により、需要家数約 8500 万軒、約 8 兆円の電力市場が新たに解放されることとなる（**図 6.1.7**）。経済産業省によれば、同時に既に自由化されている分野においても新規参入者の活動が活発となり、これまで以上に競争が促進され、合計 18 兆円の市場へと拡大し、新規需要獲得を目指した競争が始まるとされる[5]。

6.1.3　従来の電力市場の課題

このように、電力システム改革により、新しい電気事業体制が整いつつあるが、電力需給バランスの維持の観点から電力市場を見たときには、課題も残る。すなわち、**図 6.1.8** に示すように、経済産業省が現在詳細設計を進めている市場には、容量市場（容量メカニズム）と需給調整市場があるが[9]、いずれも電力需給バランスの維持の観点から重要であるのにも関わらず、複雑な市場ルールとなり、適切な価格指標を形成できるか不透明である。

容量市場は、長期的な視点から電源をどのように建設、更新、廃止していく

表6.1.3 各国における電力デリバティブ取引所

諸外国の取引所を個別に見ると、扱う商品や取引量に差が見られるように商品の在り方には唯一の正解があるわけではない。市場参加者のニーズと電力系統運用の考え方による市場設計が必要である。

	NASDAQ OMX Commodities	EEX Power Derivative	ENDEX	ICE Futures Europe	CME Group (NYMEX)
対象地域	ノルウェー、スウェーデン、フィンランド、デンマーク、ドイツ、オランダ、イギリス	ドイツ、オーストリア、フランス	イギリス	イギリス	米国
商品	先物、先渡、オプション、CfD	先物、オプション	先物	先物	先物、オプション
規制法	取引所法	取引所法	金融サービス・市場法	金融サービス・市場法	商品先物取引委員会の監視
電力デリバティブ取引の現物市場参照価格	Nord Pool スポット価格	EPEX Spot のスポット価格	APX UK のスポット価格	OTC 市場価格	RTO・ISO エネルギー市場価格、OTC 市場価格
マーケットメーカー制	○	○			
現物市場の価格形成方式	ゾーン式シングルプライスオークション（ゾーン別限界価格方式）	ゾーン式シングルプライスオークション（ゾーン別限界価格方式）、ザラバ	シングルプライスオークション（ゾーン別限界価格方式）、ザラバ	シングルプライスオークション、ザラバ	地域別シングルプライスオークション（地域別限界価格方式）
電力現物取引所との関係	電力取引所 Nord Pool から事業を買収	同グループ会社	同グループ会社	なし	なし
先物開始年	1993 年	2002 年	2000 年	2004 年	2003 年
先物開始年におけるスポットシェア	9.8 %	5.9 %	不明（2000 年時点では任意のスポット取引なし）	2.1 %	不明
その他エネルギー商品	天然ガス、CO_2	天然ガス、石炭、CO_2	天然ガス	石炭、天然ガス、原油および石油製品、CO_2 排出権、液化天然ガス	原油、石油製品、天然ガス、石炭、ウラン
エネルギー以外の商品	なし	なし	なし	ココア、コーヒー、砂糖などの農産品	農産品、金属

（注）NASDAQ OMX Commodities、ICE Futures Europe および CME Group（NYMEX）はグループ企業としては多様な金融商品を扱っているが、上表は電力デリバティブ商品を扱っている子会社の状況を整理した。

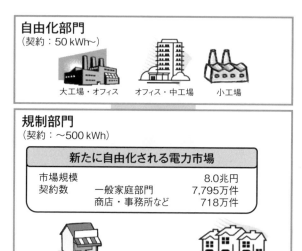

自由化される電力市場規模・契約件数（2014年度）

	市場規模 （単位：億円）	契約数 （単位：万件）		
		一般家庭 部門	商店、 事業所など	合計
北海道	3,393	363	40	403
東北	7,310	694	81	775
東京	28,273	2,723	198	2,922
中部	10,162	959	106	1,065
北陸	1,903	189	22	212
関西	12,779	1,262	101	1,364
中国	4,686	482	45	527
四国	2,557	253	34	286
九州	7,670	787	84	871
沖縄	1,453	83	6	89
10社計	80,187	7,795	718	8,513

＊合計値が合わないのは、四捨五入による。

図 6.1.7　電力小売全面自由化によって解放される市場[8]

家庭を中心とした新たな8兆円規模の市場が開放されるだけでなく、既に自由化されている業務・産業用需要家の競争促進が進むことも期待されている。

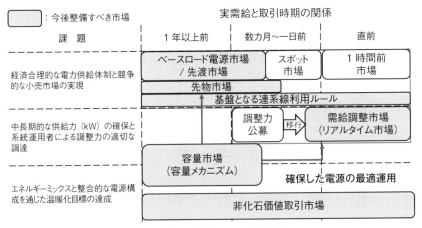

図 6.1.8 経済産業省が掲げている今後整備すべき市場
市場設計は、様々な電気事業の課題に対応することに加え、基盤となる連系線利用ルールと同時に検討される必要がある。

かという意思決定を、市場メカニズムを活用して経済的に実施しようというものである。しかし、将来の電力需給見通しが横ばいで不確実であることや電源は大型の投資案件であるため市場参加者は慎重な行動を取らざるを得ない。さらに、政府が供給力不足であると判断した場合、電源入札を実施するという介入が予定されていることや、需給調整市場が出来上がっておらず、収益構造に不明な点が残っていることから、必ずしも市場メカニズムが機能するか明らかでない。

　このうち、電力の実需給時刻での収益構造とは、電気エネルギーそのものを取引するスポット市場と、現在、制度設計のさなかである需給調整市場に左右される。著者らが想定している太陽光発電のスマート基幹電源化に当たり、例えば、太陽光発電の出力変動を蓄電池により吸収することを考えた場合、蓄電池が供給力の容量としてどのように参入し、収益を上げていくのか、容量メカニズムの設計に掛かってくるのである。

　需給調整市場は、電力の実需給時刻での電力需給の不一致を解消するための調整力を取引する市場であり、アンシラリーサービス市場の一種である。我が国の電気事業制度では、当日の時間前市場のゲートクローズから、電力

の実需給時刻までの1時間は、電力需給を一致させるために、一般送配電事業者が、需給調整市場から調達した需給調整力を活用した指令を出し、電力系統制御を行う。今後、太陽光発電の導入量が増え、スマート基幹電源化されるためには、天候依存の太陽光発電出力変動に起因する需給調整の役割は大きくなり、需給調整市場の価格シグナルはますます重要となるであろう。これに伴い需給調整を含むアンシラリーサービスの市場の誕生に大きな期待が寄せられることになろう。

電力需給の安定供給や経済効率性に資する市場設計が道半ばであることは、電力小売部門でも同様である。なぜならば、小売市場と卸市場は密接に連携しているためである。すなわち、小売事業者は卸電力市場から電力を調達してくることから、安定供給に深く関わる卸電力市場の需給調整市場が整備され、価格シグナルが活用できなければ、当然、小売市場での電力調達が需給調整と無関係になるためである。

一方で、卸電力市場取引が行われていない現状においても、小売市場の中で、需給調整を行う仕組みは存在する。すなわち、複数の小売電気事業者と発電事業者がバランシンググループを形成し、その中で電力需給の計画値と実績値の差を小さくすることで、インバランス料金支払いの抑制が行われており、これが30分という時間粒度ではあるが、ある程度の需給調整機能を有しているためである。今後、デマンドレスポンスやそのアグリゲーションビジネスによる貢献が大きく期待されている。

6.2 エネルギーシフトを可能にする未来の電力市場とスマートアグリゲーション

太陽光発電の基幹電源化のために未来の電力市場やそれに参加するエージェントおよびアグリゲータがどうあるべきかを説明する。特に太陽光発電は発電量の時間的プロファイルに偏りがあり、電力エネルギーシフトの実現が不可欠である。また不確定要素が大きく、その変動量とリスク軽減が実現されなければならない。以下ではそれらに注目しながら説明する。

6.2.1　電力エネルギーシフトと適応力

　1.2.1項および2.3.1項で述べたように、太陽光発電が大量導入されると、余剰電力が生じるため、それを最大限に活用するには電力エネルギーを特に時間方向に移動すること（時間的電力エネルギーシフト）が重要であり、そのために蓄電池の活用が必要不可欠である。蓄電池の特徴として重要なことは、火力発電のように（燃料を用いて）無尽蔵に発電供給できないことにある。一方で、充放電能力が高いため、蓄電だけではなく、いわゆる調整力としても有望であり、既に北海道電力管内にて風力発電による周波数変動を吸収するために利用する技術が開発されてきている。

　現在の電力市場は1コマ30分単位で、一日当たり48コマの商品として、エネルギー値で取引されるスポット市場である[10]。しかし、蓄電池は発電するものではないため、一日全体での「電力プロファイル」として取引するのに適している[11]。例えば、7～10時は放電し、10～17時は充電し、17～22時は放電する、という1つのプロファイルを市場に出す、といった商品を考える。このような形で取引しないと、連続して放電することになっても充電が足りず、放電できないといった不都合が生じてしまう。

　このようにプロファイルをベースとした市場を設計することにより、エネルギーシフトの実現が可能になる。そこで調整力も含めた、このようなエネルギーシフトを市場でどう取り扱うのかを以下で説明しよう。

　まず2.3.1項で説明したように、電力のエネルギーシフトには時間的エネルギーシフトおよび空間的エネルギーシフトがあり、それぞれは太陽光発電の基幹電源化を実現するために電力ネットワーク全体が持つべき重要な機能である。そして電力市場の観点からすれば、それらのエネルギーシフトの内容のそれぞれに価値を持ち、「価値」＝「適応力」として市場で売買する対象となる。ここではこの「エネルギーシフトの内容」を「エネルギーシフトプロファイル」と呼ぶことにし、どのようにして各エネルギーシフトプロファイルに市場で価値が与えられ「適応力」となるか、またそれがどのようにして適切かつ健全に、電力ネットワーク全体の破綻を避けるために、市場での売買の対象となるべきかを説明する。

　まずはエネルギーシフトプロファイルの定義と価格付けについて説明する。初めに時間的エネルギーシフトの場合で考えよう（**図6.2.1**）。現状のブライン

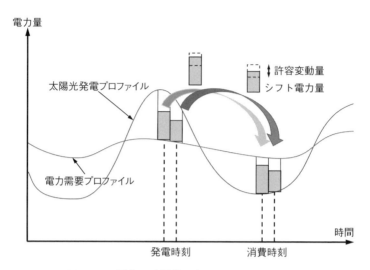

図 6.2.1 電力の時間的エネルギーシフトの概要
余剰の太陽光発電出力を蓄電池などを用い、発電量が不足する時間帯に時間シフトする。

ド・シングルプライスオークション型一日前スポット市場[10]では、24時間を30分ごとに分割した各時間スロットについて、売買する電力量と単位電力量当たりの価格を決めるべき変数とする。その上で、電力供給者と需要家が取引電力量と単価の関係を表す曲線（実際は階段関数）を市場に申告し、市場管理者はそれをまとめて全体の取引量と価格を決定する。いわば、時間スロットごとに「発電量」に単価が付与され、全体の契約が成立する。

これに対してエネルギーシフトプロファイルは、以下で説明するように「発電時刻」、「消費時刻」、「シフト電力量」、「シフト電力量の許容変動量」の4つの変数で与えられ、価値が付与されると考えられる。例えば大きな太陽光発電量が見込める正午の発電時刻から、なおも大きな太陽光発電量が見込める13時の消費時刻へのエネルギーシフトより、少ない太陽光発電量しか見込めない16時の発電時刻から発電量のない23時の消費時刻への移動の方がより困難であり貴重であるが、一方で16時の発電量は絶対量が小さく、一般に変動量の割合が大きくリスクが高い。

エネルギーシフトのプロファイルの別の評価の視点としては、シフト電力量や許容変動量が大きい方が高い価値を持つと考えられる。さらにシフトす

る時間が長い方が、消費時刻よりも長く時間を逆上って取引きが実行されるので、シフト電力量に応じてリスクヘッジとしての価値が生じるであろう（6.2.2項で説明する）。

また必ずしも1つの時刻（あるいは時間スロット）から1つの時刻（あるいは時間スロット）へのエネルギーシフトの場合のみではなく、実際には連続した複数時刻でエネルギーシフトが起こることが想定されるので、ある時間間隔の間、あるいは複数の時刻間でのエネルギーシフト能力から評価されなければならない。例えば12時から15時までの太陽光発電量を21時から24時までの時間インターバルのどこへでも移動できることが可能であれば、予備力としての価値を持つ。なおこのような柔軟性・適応力は多くの場合、大きなキャパシティを持った蓄電池によって実現し得る。

以上より全体として発電時刻、消費時刻、シフト電力量、シフト電力量の許容変動量の「時系列」がエネルギーシフトを特徴づけ、これが「時間的エネルギーシフトプロファイル」となる。空間的エネルギーシフトについても基本的なアイデアは同様である。電力の輸送元、輸送先、シフト電力量、シフト電力量の許容変動量が空間的エネルギーシフトプロファイルとなる（**図6.2.2**）。

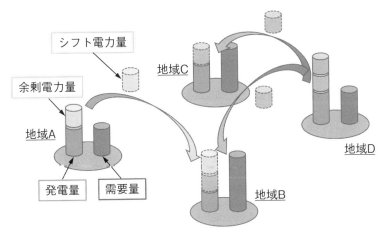

図6.2.2　電力の空間的エネルギーシフトの概要
地域ごとに余剰の太陽光発電出力を、発電量が不足する地域にシフトする。

以上よりエネルギーシフト市場ではエネルギーシフトプロファイルごとに電力供給家と需要家との間で取引が行われ、価格が決定する。つまりその適応力としての価値が定まる。

6.2.2 リスクヘッジとしてのエネルギーシフト

現在、JEPXでは従来のスポット市場、時間前市場、先渡取引などが実現されている[10]。また近い将来の電力の先物取引も考えられている。先渡取引・先物取引はリスクヘッジとしての役割を持ち、先渡取引では取引量と価格が約定され[12]、先物取引では価格だけが定まる。それらにならって、ここではリスクヘッジとしての観点から時間的エネルギーシフトを市場で扱う場合を考えよう。

現在の先渡取引では、週間から月間といった長い期間にわたる電力売買の事前契約を想定しており、また蓄電池は議論の対象ではなく、実際に消費される電力は同時刻で発電されるものと想定している。一方、時間的エネルギーシフトは原則、蓄電池の使用を前提としており、一日の間の30分から1～2時間単位程度の時間スロット間でのエネルギーシフトを想定する。

例えば、ある日の発電量が大きいことが予想される正午の発電量から、ある電力量を同日の夜へシフトするエネルギーシフトを商品として市場に出すと、一日単位の事象ではあるが、極めて安全な電力源としての価値が発生する。このように短期の取引で、かつ蓄電池の使用を前提とすれば、時間的エネルギーシフトは先渡取引と同様のリスクヘッジの役割を果たすことがわかる。

6.2.3 エネルギーシフトの基本的な売買の概要

まず時間的エネルギーシフトを例に、その基本的な売買のプロセスを説明しよう。まず時間的エネルギーシフトに関わるエージェントを列挙すると、太陽光発電所有者、蓄電池所有者、送配電事業者、需要家、それらを組み合わせたアグリゲータである。アグリゲータの形態としては、電力供給家のみからなるもの、需要家のみからなるもの、それらが混在したものが想定される。

いま簡単のために太陽光発電所有者と蓄電池所有者が同一で、アグリゲータを介さない個々のエージェント同士の取引の場合を考えよう。この太陽光

発電と蓄電池の時間的エネルギーシフトプロファイルは発電時刻、消費時刻、シフト電力量、許容変動量の時系列で与えられる。市場には各太陽光発電と蓄電池が供給できるエネルギーシフトプロファイルを提示し、需要家はそれを見て入札額を市場調停者に提示する。供給側は最高入札額の需要家と契約する。

これとは別に、現在のスポット取引と同様の次のような形態も考えられる。まず売り手・買い手がそれぞれ可能なエネルギーシフトプロファイルと、それに売値・買値を乗せた供給曲線（曲面）・需要曲線（曲面）を市場に提示する。市場管理者は、エネルギーシフトプロファイルのうちいくつかの要素、例えば発電時刻と消費時刻が一致する供給家と需要家ごとに組み分けし、各組の中で取引量と売値・買値からなる供給曲線・需要曲線から取引電力量と価格を決定する（**図6.2.3**）。最後にエネルギーシフトを実現するため、送配電業者に契約内容を提示し実行させる。その際の費用は電力供給者および需要家に分担で負担させる。ただし各送配電には物理的な容量制約があるため、市場管理者が契約を成立させる際には、その容量制約を考慮した上で市場全

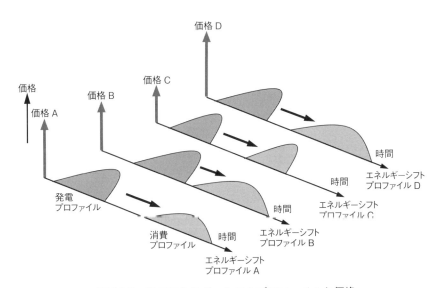

図6.2.3 提示エネルギーシフトプロファイルと価格
エネルギーシフトプロファイルによって価値が異なり価格が決定する。

体を管理する必要がある。

なお、上述のエネルギーシフトプロファイルは、電力の発電、蓄電、消費の全ての情報を含んだものとしているが、例えば蓄電池市場のように、消費時刻だけが興味の対象の場合もあるであろう。その場合にはエネルギーシフトプロファイルの要素の一部だけを取り出して議論すればよい。つまりエネルギーシフトプロファイルを用いた市場取引の議論には、個々の取引の議論を統合して扱えるという利点がある。

6.2.4 アグリゲータによる適応力の向上：時間的エネルギーシフトの場合

次にアグリゲータが介在する場合を考える。アグリゲータが介在することの利点は主としてリスク軽減であるが、それ以外に適応力の増大や時間的エネルギーシフトのプロファイルに持たせられる自由度の増大にあると考えられる。その理屈を説明しよう。

いま、1つのアグリゲート集団に N 個の太陽光発電と蓄電池の所有者からなるエージェントが参加している場合を考える。それらのエージェントは、天候の不確かさや地域差に基づく太陽光発電量の不確かさを軽減するためには、地理的には適度に散らばっている方が望ましい。またそれによって発電

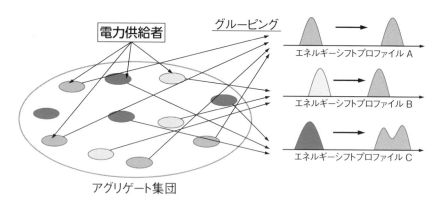

図 6.2.4 グルーピングによるエネルギーシフトプロファイルの設計

アグリゲート集団内でエネルギーシフトプロファイルの価値が高まるよう電力供給者を組み合わせる。

プロファイルの多様性が増加し、その組み合わせによって市場価値の高いエネルギーシフトプロファイルが生成できる（図6.2.4）。

　加えてアグリゲート集団が需要家を含んでいる場合は、アグリゲート集団の中である程度の電力量を発電・消費を閉じた形で消化できるので、設計可能なエネルギーシフトプロファイルの自由度が増す。その一方で地理的に広がりすぎると電力の集配コストが大きくなる。つまり発電量の不確かさの軽減およびエネルギーシフトプロファイルの多様性と送電コスト軽減はトレードオフの関係にある。よってアグリゲータは双方のバランスを取りながら、適切な大きさの地理的範囲に分散したエージェントから構成されなければならない。

　次に市場に参加するには、それら N 個のエージェントの太陽光発電量予測プロファイルと蓄電池容量を勘案し、複数個のグループに分け、それぞれのグループごとにグループ全体の太陽光発電量予測プロファイルの総和および蓄電池容量を計算し、その元でのエネルギーシフトプロファイルを設計する。このときグループ分けは、それぞれのエネルギーシフトプロファイルの価値が高まるように実行される。例えば、個々のエネルギーシフトプロファイルの価値が高いもの同士で集めてしまうと、それに含まれないエージェントだけのグループが残り、市場での価値の低いシフトプロファイルしか作成できないグループとなってしまう。よって各グループ分けは全体のバランスを考慮しなければならない。なお、ある日時に価値の高いエネルギーシフトプロファイルを有するエージェントがアグリゲート集団に参加するメリットは、別の日時では価値の低いエネルギーシフトプロファイルしか生成できない場合があり、アグリゲート集団に参加しておくことによってリスクヘッジが期待できる点にある。

　上記の説明から、アグリゲータには高度のスケジューリング・最適化の能力が求められる。発電予測プロファイルの入手・計算、多数の参加エージェントの組み合わせによるエネルギーシフトプロファイルの設計および価値の向上を実現しなければならない。市場調停者も同様に、多数の入札情報、つまり様々なシフトプロファイルから、それが整合する売り手・買い手の組み合わせのグループを構成する必要がある。時間シフトのプロファイルそのものも多数の組み合わせが存在し得るので、グループ数もそれに応じたものになる。

　また、市場は現状の電力市場取引のように、一日前取引＝24時間後〜48

時間後の時間プロファイルの取引、6時間前取引＝6時間後〜12時間後の時間プロファイルの取引、1時間前取引＝1時間後〜2時間後の時間プロファイルの取引、というように、時間的エネルギーシフトが市場取引時刻から見て、どの程度先の時間帯のエネルギーシフトなのかに応じて、複数の取引市場を用意しなければならないであろう。

6.2.5　アグリゲータによる適応力の向上：空間的エネルギーシフトの場合

　空間的エネルギーシフトにおける市場取引については、それが太陽光発電所有者から需要家（蓄電池所有者も含む）へのシフト、あるいは据え置き型蓄電池から需要家（蓄電池所有者も含む）へのシフトであれば、時間的エネルギーシフトにおける、「同じ時間帯の時間的エネルギー需給プロファイルの場合」という特別の場合と考えれば、先述と同様の仕組みで実現される。空間的エネルギーシフト固有の事例としては、例えば電気自動車によるものがあり得るであろう。

　この場合は、各電気自動車には本来の移動の目的の有無、移動に掛かる時間、交通事情による影響により変動し得る移動時間の予測、などを勘案する必要がある。また電気自動車の場合もアグリゲート集団を構成することにより、よりエネルギーシフトプロファイルの価値が高まる。アグリゲータは、需要家が要求する「電力を受ける場所」の情報から、参加する電気自動車集団の現在地などを勘案し、その電気自動車を移動させるためのスケジュールを組めばよい。電気自動車単体で市場に参加するよりも、需要家の要求に応じた柔軟なスケジュールを提案でき、それにより電力市場に出す空間的エネルギーシフトプロファイルの価値が高まる。

6.3　予測とリスクを考慮した未来の市場取引とスマートアグリゲーション

　本節では予測とリスクの情報を用いた未来の市場取引の姿と、スマートアグリゲーションの役割について説明する。

6.3.1 予測とリスクを考慮した市場取引のためのアグリゲータの役割

 化石燃料や原子力による発電は確実な電源と考えられ、かつ発電量も大きく、基幹電源としてこれまで活用されてきた。一方、太陽光発電は発電量が天候に大きく左右され不確実である（第4章参照）。電力ネットワーク全体に対する太陽光発電の発電量の割合が小さい場合は、そのような不確実さは既存の基幹電源で吸収することが可能であるが、太陽光発電の基幹電源化を実現するには大量の太陽光発電を導入する必要があり、その割合が大きくなるにつれ不確実な発電量の総量も増し、従来型の基幹電源での吸収が難しくなる。よって太陽光発電の基幹電源化には電力市場も含め、電力ネットワーク全体として、この不確実さに頑健となる仕組みを考える必要がある。

 その仕組みとして考えられるのは、（i）太陽光発電量の不確実さの低減と（ii）変動量の吸収である。（i）の不確実さの低減のために必要なものは「予測」の高精度化であり、本書第4章で詳しく説明している。（ii）はさらに、（ii-a）エネルギーシフトによる吸収（6.2節参照）、（ii-b）変動量の統計的性質を利用した吸収、（ii-c）確率的情報を利用した運用による吸収があり得る。（ii-c）は予測値、変動量、および予想が外れるリスクの情報（「リスク」の詳細は6.3.2項で説明する）を活用した電力ネットワーク全体の運用および市場取引により実現できる。そこで6.3.1項の以降では（ii-b）の場合における市場取引を考慮したアグリゲーションについて、また6.3.2項で（ii-c）の場合における電力ネットワーク全体の運用の基本的な考え方について説明する。

 初めに市場取引を考慮した供給家アグリゲーションの実現においては、考慮すべき次の2つの観点がある。（a）太陽光発電電力供給者の数、（b）太陽光発電システムの設置場所。（a）については数が大きいほど「ならし効果」が大きくなり変動量の割合が減る。それによって集団全体としては確実な電力供給が保証されることになり商品価値が高まる。また発電量不足によるペナルティを受けるリスクも軽減される（**図6.3.1**）。そして、そのアグリゲート集団へ参加する個々の電力供給者も、それらの恩恵を受けることになる。その一方で、参加する各々の電力供給者は集団全体の平均的な恩恵しか得ることができず、飛び抜けて大きな利益を望むことはできない。よってアグリゲーションの規模によるリスクの抑制度合いと見返りの利益の平準化の度合い

第2部　スマートアグリゲーションに向けた先端的アプローチ

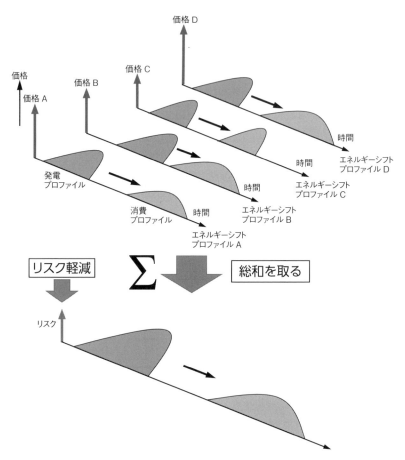

図 6.3.1 アグリゲーションによるエネルギーシフトプロファイルのリスク軽減
アグリゲート集団内でエネルギーシフトプロファイルの総和を取ることによりリスクが軽減される。

を元に、参加者の考えに応じた様々なリスクとリターンの組み合わせや規模のアグリゲート集団が生成されていくものと考えられる。

（b）については、太陽光発電システムの設置場所を、なるべく一様に、かつ地域を広げることによって、天候状況の偏在による変動幅は原理的に抑制される。（a）の場合と同様、それによって安定した電力供給が保証され、商品価値が高まり、参加する電力供給者がその恩恵を得る。よってアグリゲー

ト集団の参加エージェントは、そのような場所に太陽光発電を持つものから集められなければならない。しかし、(a) の場合と同様、その集団の個々のエージェントにとっては、地域全体の平均的な恩恵しか得られない。例えば、ある電力供給者の太陽光発電の設置された場所だけ天候が良く大きな発電量を出力していたとしても、その好条件を個人の利得に生かすことはできない。つまり各エージェントは、自身が享受するリスク軽減とリターンとのバランスを考え、アグリゲート集団に参加するか否かを決める必要がある。

ここまでは太陽光発電の不確かさおよび発電時刻の偏りを吸収するために、供給家アグリゲータが必要であることを説明した。次に、これに関連して需要家アグリゲータの役割について触れておく。需要家アグリゲータに参加する個々の需要家にとっては、実際に消費する消費電力の時間プロファイルが、アグリゲータ内による融通により大きな自由度を持つことになる。これにより供給家アグリゲータの場合と同様、個人で契約する場合における電力消費プロファイルのずれに伴う契約違反のリスクが軽減される。

一方、6.2.3項で説明したように、エネルギーシフトプロファイルを取引する市場では、供給側と需要側のマッチングを見つけなければならず、それには多大な計算コストが必要となる。その計算コストを軽減するには、市場で取り扱うべきエネルギーシフトプロファイルのバリエーションを、その価値を損なわない程度に適切に抑制する必要がある。アグリゲータにより多数の需要家をまとめることにより、市場に出すエネルギーシフトプロファイルのバリエーションを抑制することが可能となり、それによりマッチングの計算コストが軽減される。

6.3.2 リスクを考慮した電力ネットワーク運用の基本的な考え

次に予測値、変動量、リスク（予想が外れる確率）の情報を活用した電力ネットワークの運用の基本的考え方について説明する。まず第4章で説明したように、太陽光発電量の予測値、変動量、リスクの時系列データ、つまりプロファイルが活用できることを想定する。そこでまずは極端な例として100％の確率で「電力ネットワークの需給バランスがくずれないこと」が保証されるような、安全な運用をすることを考えよう。

第4章の図4.4.3の太陽光発電量の予測プロファイルと実際の太陽光発電量

プロファイルから、誤差変動量の上下間の隔たりの全体に占める割合は極めて大きいことがわかる。このことから、100％の確率で電力ネットワークの需給バランスが破綻しないことを保証するには、極めて保守的で非現実的な運用にならざるを得ず、太陽光発電の基幹電源化は実現できないことがわかる。一方、第4章の図4.4.3の信頼区間が適度に抑えられた信頼度の場合に着目すれば、多くの場合は期待値の周りに集まっていることがわかる（ただし、外れ値が大きい場合が起こり得ることにも注意する必要はある）。

上述の信頼区間における信頼度とは、ある変動量の幅（これを「変動量の見積もり」と呼ぶことにする）の中に実際の発電量が収まる確率を表すので、リスクは、その変動量の見積もりから外れる確率、つまり

　　リスク＝100％－信頼度

で与えられる。この場合、ある変動量見積もりは上記のリスクを伴うと考えられる。この見積もりは上述した変動量上下限値に比べれば小さな値であり、その見積もりを用いて電力ネットワークの需給バランスを計画すれば、非保守的で現実的な運用となる。ただしこの場合、その運用が破綻するリスクがあることを踏まえ、他の代替電源でそれに備える必要がある。

以上のことから太陽光発電の基幹電源化のためには、予測、変動量、リスクの値を活用した運用や市場取引が実現されなければならないことがわかる。

6.3.3　信用度を用いた市場取引の概要

以上の状況を踏まえ、適応力（エネルギーシフトプロファイル）、予測値、変動量、リスクの情報を用いた市場取引や、電力供給者、需要家、アグリゲータのあるべき姿を考えよう。その準備としてまず、情報の「信用度」について言及する。

電力供給者は、自身の供給電力量の予測値、変動量の時間プロファイル、リスクの時間プロファイルを計算し、以下で述べるように市場にこれらの情報を提示する。電力ネットワーク全体の安全な運用を考えれば、それらの情報は客観的に「正しい」ものであることが期待されるが、一方で個々のエージェントは自身の収益を優先させることも十分考えられる。つまりその情報は電力供給者自身の提供によるものなので、場合によっては供給者自身に有利になるよう意図的に操作されている可能性があり、それを信用した運用によ

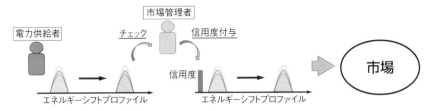

図 6.3.2 市場管理者によるエネルギーシフトプロファイルへの信用度の付与
市場管理者が履歴のデータなどと照らし合わせて、各エネルギーシフトプロファイルに信用度を付与し市場に提示する。

り需給バランスが破綻するリスクが高くなることが考えらえる。そのような電力ネットワーク全体の破綻のリスクを軽減するためのメカニズムとして、「信用度」の導入が考えられる。

つまり市場の管理者あるいは何らかの第三者機関が、別途計算することにより得られる標準的な発電量、変動量、リスクのプロファイルと電力供給者のそれとの合致度から、あるいは電力供給者の過去の実績、提供してきた予測値・変動量・リスクの履歴から、その電力供給者の情報の信用度を算出し付与する（**図 6.3.2**）。なお「信用度」と先に説明した発電予測の信頼区間で説明した「信頼度」とは異なることに注意する。以下では相対取引やスマートアグリゲーションによる取引の場合において、信用度を活用した市場の運用を説明する。

6.3.4 信用度を用いた市場取引：アグリゲータを介さない場合

個々のエージェント間による取引の場合での信用度を用いた市場取引の状況を説明する。簡単のため市場取引が行われる時刻に、その時刻での最新の発電予測プロファイル（第 4 章参照）が得られているものとしよう。その時刻に、電力の需給が実現される将来の時間スロットあるいはエネルギーシフトに関する契約が交わされる。契約を成立させるために電力供給者は、対象とする時間における予測値、変動量、リスク、エネルギーシフトプロファイルの情報を市場調停者に提示する。

次に、市場調停者あるいは第三者機関が、その電力供給者の信用度を計算し提示する。この信用度は、原則として「信用度が悪いと電力供給者にとっ

てペナルティとなる」ように用いられる。そのため電力供給者は努めて客観的な観点に立ち、より正しい自身の情報を提出しなければならない。場合によっては市場へ提出する情報は、電力供給者が細工できないプログラムによって計算され、客観性が保証されたデータのみが市場に提出されるといった仕組みの導入が考えられる。

その後需要家は、それらを参考に購入価格を申告する。信用度の低い電力供給者に対しては標準的な購入価格と比較して低い購入価格を提示することになり、このことにより客観性の少ないデータの提出は電力供給者にデメリットをもたらし、自然に排除されることになる。

市場調停者は集められた情報、特に変動量、リスク、エネルギーシフトプロファイル、信用度の情報を踏まえ、取引される総太陽光発電量、安定電源による発電量、実行されるエネルギーシフトを決定し、需要量と合わせて価格および個々の取引を決定する。一方、マッチングの決定そのものは多数の因子の関わる極めて複雑な問題であり、高度な計算手法の活用により実現されなければならない。

上述の市場取引が、例えば計算時間に十分余裕のある前日市場取引の場合では、最適なマッチングあるいはそれに準ずるマッチングが得られ取引が成立するであろう。しかし計算時間に十分な余裕のない時間前取引などの場合、時間内ではマッチングの最適性が望めず、保守的な解で妥協することも考えられる。ただし今後の計算能力の向上を期待すれば、マッチングの保守性は将来的に軽減されていくものと予想される。

6.3.5　信用度を用いた市場取引：アグリゲータを介する場合

次にアグリゲート集団による取引を説明しよう。この場合、市場に提示するデータの正確度や信用度が高められることが期待される。その理由・方法は次の３つである。

１つ目は以下のように複数のチェックを通ったデータのみを市場に提出することによる。市場に提示するデータは一旦各電力供給者からアグリゲータ管理者に集められ、アグリゲータ管理者が記録している過去のデータなどと照らし合わせ、その正確度を確認する。疑わしいデータについては電力供給者に確認し、場合によっては訂正させる。このように、個人が直接市場に提

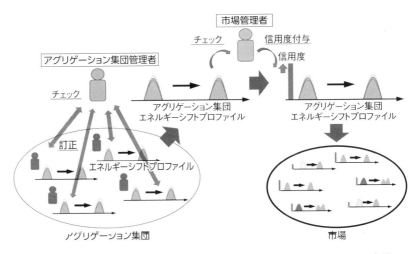

図 6.3.3 アグリゲータを通した信用度付きエネルギーシフトプロファイルの市場への提示

アグリゲート集団管理者が、電力供給者のエネルギーシフトプロファイルをチェックし必要に応じて訂正を指示する。これによってアグリゲート集団全体としてのエネルギーシフトプロファイルの信用度が高まる。

出するデータに比べ、アグリゲータ管理者により正確度が高められたデータが市場に提出される（**図 6.3.3**）。

2つ目の理由は、第4章の4.1.3項で説明したように、アグリゲーションによる「ならし効果」にある。つまり、ならし効果により発電量の予測値のばらつきが元々小さく、データの不確実性が低められ、正確度は高められる。

最後の理由は、6.2.4項、6.2.5項および6.3.1項で説明したような、アグリゲータの戦略による。つまり、それに参加している個々のエージェントの発電量のばらつきを加味し、時間的エネルギーシフトあるいは空間的エネルギーシフトの観点でいくつかのグループにまとめて電力商品として市場に提供することにより、データの時間ごと・場所ごとの正確度を調整でき、商品としての正確度を高められる。

以上のような手段で、アグリゲート集団の個々の電力商品のデータの正確度が高められ、結果的に市場での信用度および取引価格を高めることが可能となる。

6.3.6 信用度を用いた市場取引：市場管理者の役割

次に市場管理者の立場から、市場での信用度の扱いと契約の決定方法について説明する。市場管理者の1つの重要な役割は、電力ネットワーク全体が破綻するリスクの低減のための市場マネージメントである[13)〜15)]。そのための1つの手段が、各エージェントの信用度の算出と付与および市場への提示である。相対取引の場合、市場管理者は電力供給者から市場に出す電力商品のデータを受け取り、それに対して先述したように信用度を算出・付与し、市場に提示する。入札形式の場合には、需要家は個々のデータとその信用度を見ながら入札額を決定する。このように、相対取引の場合には市場メカニズムによって自動的に信用度の高低が取引価格に影響するので、結果的に電力供給者はより正確なデータを提出することとなり、電力ネットワーク全体の健全性が高められる。

一方、ブラインド・シングルプライスオークションのように不特定多数の電力供給者と需要家の参加による市場取引の場合には、各電力供給者の信用度が異なり、かつ集団としてのデータや信用度のみしか需要家はわからない。よって相対取引の場合のような市場メカニズムによる自動的な信用度の価格への反映は実現できない。そこで信用度を取引価格に反映させるため、需要・供給曲線から定まる取引価格（標準的取引価格）から、エージェントごとに、その信用度に応じて市場管理者により取引価格を調整する、といった仕組みが考えられる。つまり信用度が低い電力供給者の売値は、標準的取引価格から信用度の低さに応じた金額を差し引いた価格とするのである。

最後に、電力ネットワークのリスク軽減のためには、市場管理者による市場管理のもう1つの手段、つまり信用度の低い商品の市場での取り扱いの抑制があり得る。一般にリスクの大きな電力商品、あるいは信用度の落ちる電力商品は、市場での取引量は抑制されるべきである。よって上で説明したように、そのような電力商品の信用度を低く算出し提示することにより、間接的に電力供給者自らのデータの正確性を向上させることができる。ただし信用度が低く取引価格が低くても、それを受容する電力供給者が多数存在する場合も想定しておく必要がある。この場合、市場には信用度の低い電力商品が多数混入することとなり、場合によっては電力需給が実行される際に電力ネットワーク自体が破綻することになる。このような事態を避けるためには、

市場管理者によって、より直接的に市場全体における低い信用度の電力商品の総取引量を抑えることが必要である。

参考文献

1) 電力・ガス取引監視等委員会：http://www.emsc.meti.go.jp/
2) 電力広域的運営推進機関：https://www.occto.or.jp/
3) 日本卸電力取引所：http://www.jepx.org/
4) 日本エネルギー経済研究所：平成24年度商取引適正化・製品安全に係る事業（諸外国における電力市場の取引実態等の調査）報告書（2013）
5) 資源エネルギー庁：電気事業制度について　http://www.enecho.meti.go.jp/category/electricity_and_gas/electric/summary/pdf/sijyo-gaiyo.pdf（2018）
6) 資源エネルギー庁：第一回電気事業分科会基本問題小委員会市場整備WG資料（2002）
7) 澤 敏之：電力取引所の特徴とその動向, 電気学会誌、127-2、81/84（2007）
8) 資源エネルギー庁：一般電気事業部門別収支計算書　電力調査統計（2014）
9) 総合資源エネルギー調査会　基本政策分科会　電力システム改革貫徹のための政策小委員会：中間とりまとめ（2017）
10) 日本卸電力取引所：日本卸電力取引所取引ガイド（2016）
11) T. Ishizaki, M. Koike, N. Yamaguchi, J. Imura：Bidding System Design for Multiperiod Electricity Markets：Pricing of Stored Energy Shiftability, Proc. of 55th IEEE Conference on Decision and Control, 807/812（2017）
12) 山田雄二：スポット価格予測に基づくJEPX先渡価格付けモデルの構築、独立行政法人経済産業研究所、RIETI Discussion Paper Series 17-J-072（2017）
13) 服部 徹：金融工学と電力―米国におけるリアル・オプションの適用を中心に―、電力経済研究、48（2002）
14) 日本卸電力取引所：卸電力取引所に関する検討報告（2003）
15) 廣本、加名生、小林：電力取引及びリスク管理システム Power TraderTM、東芝レビュー、59-4（2004）

第7章

系統制御とスマートアグリゲーション

　我が国の電力系統制御は、大規模な一般電気事業者（いわゆる電力会社）の系統運用部門によって、その域内ごとに実施されてきた。第6章までに述べてきたように、電力自由化の進展に伴い、今後は公的な第三者機関としての系統運用者によって電力系統制御が行われることになる（なお、既存の電力会社の発電部門と送配電部門は分割され（発送電分離）、前者は第5章で述べたアグリゲータの一部に、後者は系統運用者が管理することになる）。

　本章では、配電系統を含む従来の電力系統制御とその課題、および将来の電力系統における系統運用者・送配電事業者の役割について、研究事例とともに述べる。

7.1　従来の電力系統制御とその課題

　電力系統制御には、常時・緊急時の需給バランスを維持するための需給制御と、送配電ネットワークの潮流状態（電力の流れ、電圧、安定度など）を適切な範囲に維持するための潮流制御の2種類がある。ここでは、需給制御と潮流制御それぞれについて、従来の制御とその課題を述べる。

7.1.1　電力系統の需給制御

　電気エネルギーは超高速で輸送が可能な利便性の高いエネルギーメディアであるが、電力系統全体としては、電気の生産（供給）と消費（需要）を同時に行う必要がある。需要と供給のバランスが崩れると、電力品質の低下や大停電につながる可能性があり、この需給バランスを保つための制御が電力

系統の需給制御である。需給バランスは数秒レベルの短周期成分から、一日、1週間、1カ月といった長周期成分まで考慮して一致させていく必要があるが、特に一日単位での日間運用が重要である。ここでは、電力系統の日間運用に注目し、需給制御について述べる。

電力系統の周波数は、需給バランスが維持されているかどうかを示す重要な指標であり、我が国では基準周波数は50 Hz（東日本）または60 Hz（西日本）のいずれかとなっている。電力の需要が供給より大きくなると周波数は低下し、需要が供給より小さくなると周波数は上昇する。電力系統の日間運用では、需要変動の周期ごとに異なる3つの成分に対して需給制御を行って需給バランスを維持している。需要変動成分とそれぞれの成分に対する需給制御のイメージ図を図7.1.1に示す。

変動成分は、周期の大きい順にサステンド成分、フリンジ成分、サイクリック成分と呼ばれ、それぞれの変動成分に対して、経済負荷配分制御（EDC：Economic-load Dispatching Control）、負荷周波数制御（LFC：Load Frequency Control）、ガバナフリー（GF：Governor Free）運転によって変動が抑制される[1]。このうち、EDCとLFCは多数の発電機を集中管理してその出力を制御する集中制御、GFは発電機1台1台が自律的に出力を制御する分散制御である。EDC、LFC、GFは水力発電機または火力発電機によって行われるが、電源に占める割合が大きい火力発電の制御が特に重要である。

EDCは多数の発電機の経済性（燃料費や起動費などの発電機の運用費）を

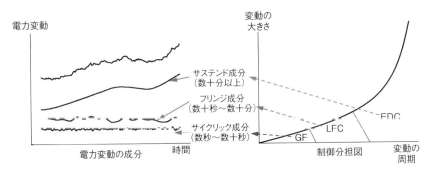

図7.1.1　電力需給変動と需給制御の分担イメージ

左図は電力変動成分の変動周期ごとの分類を、右図は左図の成分ごとに対応する制御の分担を示す。

考慮してその出力を決定する制御で、前日計画の発電機起動停止計画（UC：Unit Commitment）と当日運用の最適負荷配分に分けられる。一般に、後者の最適負荷配分を狭義のEDCとみなすことが多く、これ以降、本書での「EDC」は「最適負荷配分」を意味する語句として使用する。

　一般的なUCでは、負荷需要の前日予測と揚水発電の日間運用計画（一般に、夜間のオフピークに揚水し、昼間のピーク時に発電）に基づいて、負荷需要に対して適切な供給力（供給予備力）を確保できるように、系統内の多数の発電機の起動または停止状態が、経済性を考慮して運用の一日前に計画（計画期間：一日、時間断面：数十分程度）される（前日計画・**図7.1.2**）。起動停止状態を事前に計画するのは、大型の火力発電機は起動停止に長時間（数時間〜数十時間程度）を要するためである。

　基本的には、運用の当日には起動停止計画は変更しない（できない）が、前日予測より著しく負荷需要が大きくなることが当日わかった場合などに、起動時間の短い発電機（ガスタービン発電機など）を起動して供給予備力を確保することもある。

　EDCは、運用当日の制御であり、起動中の発電機群の合計燃料費ができるだけ小さくなるように、多数の発電機の出力を負荷需要に合わせて調整する。制御信号は3〜5分に1回の頻度で各発電機に送信される。運用当日では、UCで計画されたとおりに発電機が起動し、起動中の発電機に対して

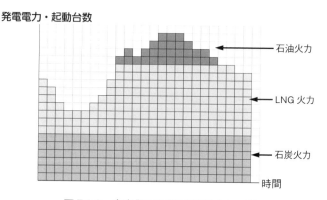

図7.1.2　火力発電の前日計画イメージ

横軸は時間を、縦軸は発電電力または起動台数を示す。発電の種類ごとに、発電電力・起動台数が計画される。

EDC を実施することになる。

　LFC は、運用当日の制御であり、中央給電指令所が周波数変動と連系線潮流を計測し、これらの変動が小さくなるように、起動中の多数の発電機に対して 3 ～ 5 秒に 1 回の頻度で制御信号を送信し、多数の発電機の出力を調整する。LFC を行う発電機は LFC 制御信号に対して応答するために一定の容量（LFC 調整容量）を空けておく必要があり、最大出力で運転することができないため、一般に、燃料費が安い石炭火力発電やコンバインドサイクル発電は LFC の対象としないことが多い。

　GF は、各発電機が常時それぞれの回転数を計測し、基準回転数との偏差から、調速機によってその出力を調整する自立分散制御である。応答は速いが定常偏差が発生するため、LFC と組み合わせて実施しないと基準周波数に復帰しない。

　これまでに説明してきたとおり、一般に、電力系統では時々刻々と変化する負荷変動に対して発電機の出力を調整することによって、つまり不可制御な需要に対して供給を制御することで需給バランスを維持している。しかし、これからの電力系統では風力発電や太陽光発電をはじめとする不可制御な再生可能エネルギー電源が供給側に占める割合が大きくなるため、需要側だけでなく供給側による変動も大きくなり、結果として需給バランス調整力が不足することが懸念されており、新たな制御リソース（蓄電池など）の利用も検討されている。

　また、これまでの電力系統では、UC、EDC、LFC は電力会社の系統運用部門が系統全体を一括して行っていたが、第 6 章で述べたように電力自由化が進展すると、前日および当日の計画・運用がそれぞれ次のように変化する。前日計画では、各アグリゲータは所有する電源について UC をそれぞれ行い、系統運用者は各アグリゲータの UC 情報を事前に把握することで系統全体の UC を集約し、送電ネットワークや安定度制約に問題がないか確認する。さらに、系統運用者は、市場取引または相対契約によって系統全体として必要な LFC 調整容量を確保する。

　運用の当日は、系統運用者が EDC および LFC の制御信号を作成して各アグリゲータに送信し、各アグリゲータはそれに従って所有する発電機の出力を調整することになる。

7.1.2 電力系統の潮流制御

　一般に、従来型の火力発電所にはスケールメリットが存在し、大規模集約型となるのに対して、電力需要は面的に広く散らばっているため、大規模火力発電所や山間部の水力発電所などで発生した電気を需要地域へ送るためには、送電ネットワークを経由して送り届けることになる（**図 7.1.3**）。さらに、需要地域内（例えば都市単位）においては、各需要家（家庭、小規模需要家）まで電気を送り届けるため、**図 7.1.4** に示すように送電ネットワークよりも電圧が低い配電ネットワークを経由することになる（配電ネットワークについては 7.5 節にて詳述する）。一般に送電線に流れるのは電流であり、その送電線の送電電圧を乗じることにより送電電力となり、一般に送電線における電力の流れを電力潮流と呼ぶ。

（2014 年 7 月現在）

図 7.1.3　全国の基幹送電ネットワーク（文献 2）を参考に著者作成）
電力大消費地や大規模発電所の立地、ネットワークの技術制約などを考慮して基幹送電ネットワークは整備されている。

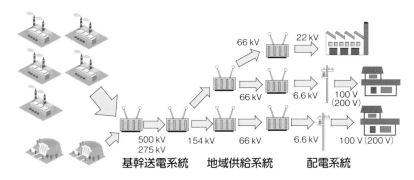

図7.1.4　従来の電力ネットワークのイメージ図
大規模火力・原子力発電所と水力発電を組み合わせて需要家に対して一方向に電気を送り届けている。

　平常時における潮流制御の目的としては、送電線に流れる電力潮流（電流）を定格電力以下とすることや、母線に接続された変圧器などの受電電圧をあらかじめ指定された範囲内に収める必要がある。従来の電力系統において、例えば新規に発電所を建設する際に、将来に亘って潮流状態をシミュレーション評価しているため、従来の電力系統の平常時運用において送電線潮流が容量を超過して過負荷になるケースはほとんどない（送電線・変圧器などのメンテナンス時を除く）。ただし、母線電圧に関しては、平常時においても一日の負荷消費電力の変化により、母線電圧値が上下限制約範囲を逸脱しないように変圧器タップや調相設備（コンデンサやリアクトル）を制御する。

　一方、送配電設備は屋外に設置することが多く、自然環境に曝されているため、送電線等に対する雷撃や樹木・鳥獣接触、さらには経年劣化に伴う絶縁破壊などにより送電ネットワークにおいては故障が発生することがある。このとき電力システムにおいて、より短い時間スケールの電気現象が問題となり、事故時の短絡電流の問題や同期発電機の安定度の問題が重要となる。

　特に我が国の電力ネットワークは、ほとんどループを含まないくし型系統構成をしており、過渡安定度の問題が生じやすい系統となっている。ただし、そのような設備故障が起こった場合でも、過渡安定度の問題や送電線の過負荷などが生じないように、経済性を多少犠牲にしても、より安定な運転状態へあらかじめネットワークの潮流状態を移行しておくことも考えられる。

なお、電力会社間の連系線に関して、これまでは各電力会社の供給エリアごとに供給信頼度を十分に確保し、連系線はその補完的な役割として位置づけてきた。ただし、昨今、地域的に偏在化した風力発電などの大量導入や大規模地震などによる大規模電源脱落のような希頻度事象の発生により、エリア間をまたぐ電力融通の必要性が高まっている。

7.2　将来の電力系統の需給制御における系統運用者の役割

前述したとおり、将来の電力系統では、公的な第三者機関としての系統運用者によって電力系統制御が行われることになるが、ここでは将来の系統運用者の需給制御の役割について述べる。

7.2.1　市場取引のセキュリティチェックと修正（計画断面）

ここでは、日間運用における運用の前日までの需給制御における系統運用者の役割について述べる。前章までに述べたとおり、将来の電力系統では、発電設備を有する多数のアグリゲータの単位時間ごとの発電電力量は、運用の前日までに、個々の発電事業者との相対契約もしくはスポット市場での取引によって決まることになる。相対契約の場合、契約した需要家に電気を過不足なく供給できるように、各アグリゲータは自電源のUCを行う。スポット市場取引の場合、同時同量の原則を満たすように、各アグリゲータは自電源のUCまで考慮して市場に入札し、約定後に再度UCを行う。よって、多数のアグリゲータが独自にUCを行い、結果として系統全体のUCが決まることになる。

その後、系統運用者は、各アグリゲータのUC、負荷需要の予測、再生可能エネルギー発電電力の予測などの情報を集約し、これらの情報から、短周期電力変動への対応に必要な調整力を相対契約もしくは需給調整市場によって調達する（系統運用者は、アグリゲータとの相対契約で、ある程度の調整力を常時確保しておき、足りない分を需給調整市場から調達することになる）。ここまでで、前日段階での系統全体の初期UCが決まる。

系統運用者は、翌日の需要と供給（単位時間当たりの電力量）が、種々の

第7章 系統制御とスマートアグリゲーション

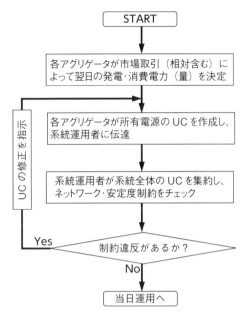

図7.2.1　計画断面のフローチャート
各アグリゲータの発電・消費計画を電力系統全体のUCとして集約し、セキュリティチェックを行っている。

系統制約（供給予備力、LFC調整力、ランプレート、送電制約など）を満たすかどうかチェック（セキュリティチェック）する（再生可能エネルギーによる短周期変動増大など、現状よりこれらの制約が厳しくなることが予想される）。制約に違反する場合は、各アグリゲータの需給計画（UCや再生可能エネルギーの出力抑制など）を修正することになる。各アグリゲータの需給計画修正は、ルールとして定めておき強制的に行う、新たに市場から調達する、など様々な方法が考えられる。

需給制御の計画断面のフローチャートを**図7.2.1**に示す。

7.2.2　当日運用における不確実性を含む対応（運用断面）

ここでは、日間運用における運用の当日の需給制御における系統運用者の役割について述べる。前述したとおり、現在の電力系統需給制御の運用断面では、長周期成分に対してはEDC、短周期成分に対してはLFCが行われて

いる。将来の電力系統需給制御においても、同様に、長周期と短周期の時間領域に応じてEDCとLFCが行われるものと予想されるが、大量の再生可能エネルギーが系統内に偏在し、その出力の予測不確実性も増大するため、現状とは異なる制御が必要となることが予想される。

　EDCでは、系統運用者は、あらかじめ相対契約または相対契約によってアグリゲータから調達しておいた、EDC領域で利用可能なリソース（発電機、バッテリ、再生可能エネルギー出力抑制、DRなど）を用いて制御を行う。再生可能エネルギー出力が前日予測と大きく異なる場合は供給不足または余剰になる可能性があり、発電機だけでなく、バッテリ、DR、再生可能エネルギー出力抑制などの制御リソースを組み合わせて需給バランスを維持する必要がある。

　現状の電力系統では、需給バランスのみに注目してEDCの制御信号は作成・送信されるが、系統内に偏在する様々な再生可能エネルギーおよび調整リソースを集約して利用する将来の電力系統では、需給制約だけでなく熱容量、電圧、安定度を含む送電制約も考慮する必要がある。よって、系統運用者は、需給制約と送電制約を考慮してEDCの制御信号を作成する。

　制御信号の送信については、系統運用者が各アグリゲータに送信してアグリゲータ内でリソースを分割する間接方式、系統運用者がリソースそのものに送信する直接方式が考えられる。

　LFCでは、系統運用者は、あらかじめ相対契約によってアグリゲータから調達しておいた、LFC領域で利用可能なリソース（発電機、バッテリ、Fast-DRなど）を用いて制御を行う。再生可能エネルギー出力が短時間で非常に大きく変動して周波数変動を増大させる可能性があり、発電機だけでなく、バッテリ、Fast-DRなどを組み合わせて周波数変動を抑制する必要がある。LFCでは3～5秒周期の非常に短時間の制御周期であり、需給制約のみに基づいて制御信号を作成するものと考えられる。EDCの場合と同様に、系統運用者は制御リソースに対して、間接方式または直接方式での制御信号の送信が考えられる。

　図7.2.2に需給制御の運用断面の制御イメージ図を示す。

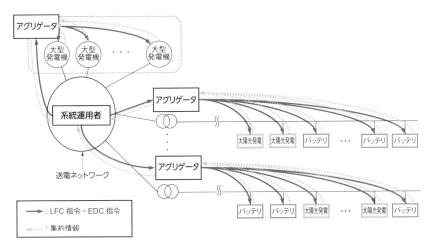

図 7.2.2 運用断面の制御イメージ図

系統運用者から、アグリゲータ経由で、大規模発電機、バッテリ、太陽光発電などに制御指令を送信する。

7.3 将来の電力系統の潮流制御における系統運用者の役割

従来の電力系統では起こらなかった太陽光発電の大量導入に伴う問題と、系統運用者の行うべき対応を整理する。

7.3.1 分散配置による問題とその対応

大量導入された太陽光発電は、従来の大型発電所などとは異なり、様々な電圧階級（66 kV、6.6 kV、200 V））に分散的に配置される。したがって、配電系統から基幹系統まで様々な電圧階級のネットワークに影響を与えることになる（**図 7.3.1**）。ここでは、特に送電ネットワークに着目し、基幹電力ネットワーク（グローバルな影響）と、その下位系統に当たる地域供給ネットワーク（ローカルな影響）に分けて考察する。それらを踏まえて、将来の電力系統の潮流制御における系統運用者の役割について考察する。

グローバルな影響として基幹系統（500 kV、275 kV）を対象として、送電

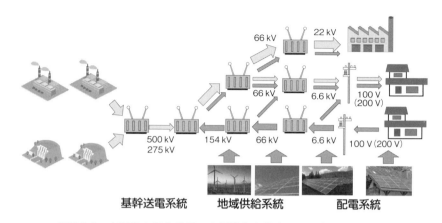

図 7.3.1 太陽光や風力発電の大量導入を想定した電力ネットワーク

太陽光・風力発電の大量導入に伴い大規模火力発電所が減少し、小規模なエリアからの逆潮流（創電エリアの登場）に伴い、電力ネットワーク上において電気が双方向へ流れるようになる。

線過負荷（混雑）の発生可能性について考える。大規模火力発電所や原子力発電所で発生した電気を 500 kV や 275 kV まで昇圧し（つまり電流を小さくして）、電力大消費地まで送り届けるために建設されてきたのが基幹系統である。そのため、エリア内では十分な送電容量を確保されている場合が多く、大きく偏った太陽光発電の導入分布や発電分布にならない限り、基本的に太陽光発電の大量導入を想定することは多くの時間帯において基幹系統に流れる電力潮流を軽くする方向に寄与するものと考えられる（ただし風力発電は地域的に偏在するため必ずしもこの限りではない）。

ただし、そのような状況下においても、基幹ネットワーク内の各母線電圧は上下限制約の範囲内に収まっている必要があるが、各太陽光発電が日射に応じて有効電力を出力（発電）することにより母線電圧は大きく変化する可能性がある。従って、大量導入時における将来の系統運用者の対応としては、変圧器タップや調相設備の動作回数を従来に比べて大幅に増やすことのないように、更には変圧器タップ位置を中央付近に維持するなど、従来に比べて大きな不確実性に対応するため、太陽光発電用パワーコンディショナのインバータ制御や火力発電機の出力調整（主に無効電力出力）、系統用蓄電池のインバータ制御などを適切に組み合わせて、中間層（アグリゲータ）を活用

した空間的・時間的に適切な電圧制御を行うことが考えられる。

　次に、太陽光発電の大量導入に伴うローカルな影響として、地域供給ネットワーク（例えば 66 kV）を考えると、地域供給ネットワークに関しては、供給する負荷需要の大きさなどによって送電容量（送電線の断面積や回線数）が決められているため、大規模な太陽光発電や風力発電が連系することは想定しておらず、必ずしも十分な送電容量が確保されているとは限らない。

　そのような場合には、送変電設備を増強するか、もしくは太陽光発電や風力発電は常に定格出力で運転するとは限らない点を考慮して、定格設備容量をオーバーする場合には発電出力を抑制することも考えられる。なお、コネクト＆マネージという考え方があり、出力抑制頻度が高くなることを許容するのであれば必要な系統増強を実施する前に発電設備の早期接続を認め、発電実績を基に送電会社は系統増強を行う考え方もある。

　したがって、将来の系統運用者の役割としては、出力変動が大きな太陽光発電や風力発電をできる限り受け入れた上で、送電容量制約や母線電圧制約を逸脱しないように、空間的に分布したアグリゲータなどの中間層を活用しながら系統運用（太陽光、風力の出力抑制を含む）を行うことが重要になってくるものと考えられる。特に、ローカル系統の場合、基幹系統と比べて太陽光発電の空間的な均し効果は小さくなり急峻な出力変動が顕著に現れやすいため、その点も十分に考慮した系統運用者による予測・制御が必要となるであろう。

7.3.2　オープンシステムによる問題とその対応

　従来の火力・原子力といった大規模電源による発電を中心としたシステムから、太陽光発電を主とする小規模分散型発電に移行することにより、技術的にも経済的に分散型のオープンシステムへ移行することになる。

　技術的な観点から太陽光発電は慣性力を持たないインバータ電源であるため、オープンシステムに移行することは、慣性力を弱めることになり、平常時の周波数変動が大きくなることや、送電線事故時において発電機が加速しやすく脱調しやすくなる。このような問題に対応するため、インバータ内部に蓄電池やコンデンサのようなエネルギー貯蔵デバイスを設置した上で、その蓄エネルギーを活用し同期化力を生成するインバータに関する検討が行われ

ており、7.5.3項で詳述する。蓄電池なども含めるとインバータを介した分散電源は多いため、アグリゲータ（中間層）が同期化力を集約し、系統運用者へ提供することで、系統全体の同期化力を一定以上に維持しながら、安定な系統運用に寄与していくことも考えられる。

また、経済的な観点からは、従来の電力システムとは大きく異なり、極めて多数のプレイヤーが自律的に様々な意思決定を行うため、取引時のルール設計が重要になるだけでなく、実際の運用断面においても中立な系統運用者として送配電設備の利用に関して合理的に説明していくことが求められる。

7.4 新しい電力系統制御の例（研究紹介）

7.4.1 送電制約を考慮した EDC（運用断面／需給・潮流）

太陽光発電の出力抑制に関するこれまでの検討では、需要と供給の関係から全体として必要な抑制電力を決めたが、太陽光発電の設置位置や送電ネットワークについては考慮していなかった。出力抑制が必要な状況においては、従来電源は全て最小出力で運転するが、実際の電力系統では送電ネットワークの損失があるため、どの太陽光発電をどれだけ抑制するかによって系統の潮流状態が変化し、同じ発電機運用コストであっても送電損失が変わってくる可能性がある。送電損失はできるだけ小さくすることが望ましいが、太陽光発電の出力抑制のやり方によって送電損失の大きさがどの程変化するかを明らかにすることが重要である。

そこで、送電ネットワーク制約および太陽光発電の設置位置を考慮した最適潮流計算によって、火力発電の燃料費を最小にしつつ、かつ送電損失を最小化（ケース1）または最大化（ケース2）する出力抑制手法を提案し、大規模系統における需給運用シミュレーションによって検証した[3]。結果の一部として、系統全体での年間の太陽光発電の出力抑制量と送電損失の合計を **図7.4.1** に示す。

2ケースの火力発電の運用費は全く同じであるが、出力抑制量は25%程度の違いがあり、ケース2では送電損失を大きくすることで出力抑制量を小さくしていることがわかる。現在検討されている出力抑制では抑制量をとにかく小さくすることが求められているが、この方法では、ケース2のように

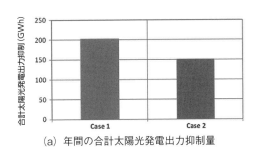
(a) 年間の合計太陽光発電出力抑制量

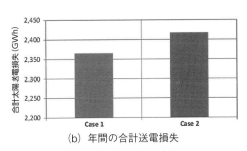
(b) 年間の合計送電損失

図 7.4.1 送電制約を考慮した EDC のシミュレーション結果
ケース1はケース2より出力抑制量は大きく合計送電損失は小さくなっている。

運用費に変化がないのに送電損失をいたずらに増大させる可能性もある。社会全体にとって最適な出力抑制の方法について検討を進めていく必要がある。

7.4.2 予測を利用した LFC（運用断面／需給）

予見制御とは、目標値の情報を一定時間未来まで利用することにより、良好な追従性能を達成する制御法の1つであり、その特徴はよく車の運転にたとえられる。夜間車を運転するとき、ヘッドライトで道の形状を把握しながらハンドルを操作することは、道に沿って滑らかに走行するために不可欠であろうし、道を知っていれば更に強風など予期せぬ事象に対処できる可能性がある[4]。

太陽光発電が大量に導入された系統においては、その供給変動が大きな課題であるが、一方では（1）衛星気象情報を利用した短時間日射量予測、（2）電力市場の応答の類型化と予測など、新たな予測情報が得られることも期待される。このような系統の特徴から、予見制御法を新たに LFC に適用

する研究が始められている[5]、[6]。

図7.4.2 は、予見制御を代表的な LFC に組み込んだ例であり、予見制御ユニットで負荷変動の予測情報から指令値を修正する計算が行われる。また、図7.4.3 は、負荷変動に対する予見 LFC のシミュレーションであり、予見時間を一定時間確保すると周波数変動が効果的に抑制されることが示されている。今後これらの研究により、周波数変動の抑制効果を高め、さらに LFC に効く予測情報を明確にすることが可能になると期待される。

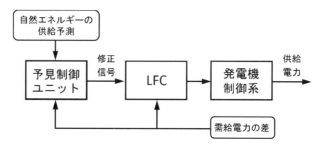

図7.4.2　予見補償型 LFC の構成例

需給変動の抑制に自然エネルギーの供給予測を反映させ、従来型の LFC の御性能を高める。

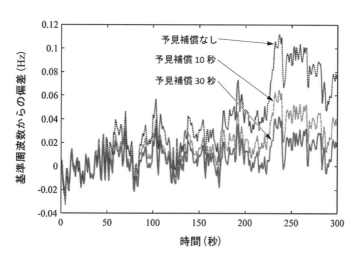

図7.4.3　予見補償型 LFC のシミュレーション（検討例）

予見情報（〜30秒）を反映させることにより、ゆるやかな変化から偏差が改善される。

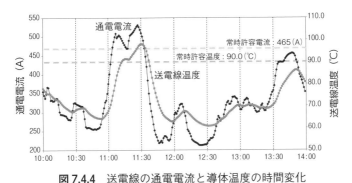

図7.4.4 送電線の通電電流と導体温度の時間変化

電流の時間変化に対して、送電線温度は10〜15分程度遅れて変化する。

7.4.3 温度制約による混雑緩和（運用断面／潮流）

　これまで述べてきたように送電線の送電容量は一般に電力潮流制約として扱うことが多いものの、原理的には送電線の常時許容電流値に基づき決定されている。ただし、その常時許容電流値は、架空送電線の場合、周囲の気象条件として（最も温度上昇しやすい）最悪ケース（日本の場合、周囲温度：40℃、風速：0.5 m/sec、風向：45度（送電線に対し）、日射：1 kW/m^2）を想定し、一定の交流電流を流したときの導体温度が、常時許容温度（日本のACSR（Aluminium Conductors Steel Reinforced）では90℃）に等しくなるように決められており、もし仮にそのような前提条件が変われば送電容量は変化することも考えられる。また、送電線自体には（熱工学的な意味の）熱容量があるため、**図7.4.4**に示すように電流が変化してから電線温度が上昇するまで8〜10分程度の時間遅れが生じる[7]。

　今後、太陽光発電に代表される間欠的な再生可能エネルギーの大量導入により、送電線に流れる電流は短時間で大きく変化する可能性があり、送電線温度上昇の時間遅れや周囲の気象条件を考慮した送電容量を評価していくことが重要である。

7.4.4　電力系統安定化とレトロフィッティング

　1.2.4項において、太陽光発電が大量に導入されると、火力発電が減るため、慣性力が小さくなり、電力システム全体の安定度が低下することを述べた。

第2部　スマートアグリゲーションに向けた先端的アプローチ

風力発電においても太陽光発電の場合と状況は異なるが、風力発電が大量に導入されると、ある風力発電機内で電圧などに擾乱が発生した際、電力システム全体の周波数変動がより振動的になることが知られている。一般に、電力システム全体の安定度を改善するには、火力発電機や風力発電機に通常備え付けられている PI 制御器などの制御器のゲインを調整することが挙げられる。しかし、安定度が必ず改善することを理論的に保証するゲイン調整方法はない。また、電力システム全体は非常に大きく、日々、太陽光発電システムや風力発電システムが加わり、電力システム全体は変化し、進化する。

そのような中でも、電力システム全体の安定度を維持する仕組みがレトロフィット制御（元々存在しているシステムと適切に適合するための制御）と呼ぶものである（**図 7.4.5**）。これは、太陽光発電の場合は、例えば、接続する系統側の電圧と太陽光発電の DC-AC インバータ（直流と交流に変換する装置）内の電流を計測し、それを基にインバータ内の信号のパルス幅（デューティ比）を制御するものである。

一方、風力発電の場合は、発電する回転子に流れる電流を計測し、回転子電圧を制御入力とするものである。すなわち、どちらの場合でも、導入する機器内に組み込まれたコントローラにより、電力システム全体の安定度を低下しないようにするものである。このコントローラの大きな特徴は、その設計において、電力システム全体の数理モデルは一切不要であり、まさにプラグイン型のコントローラである点にある。

このような局所的なコントローラであれば、電力システム全体に対して新

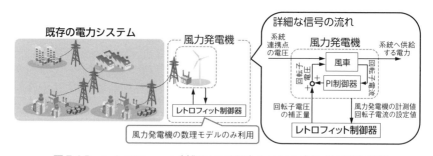

図 7.4.5　レトロフィット制御による電力システム全体の安定度改善

風力発電機の中に組み込まれたレトロフィット制御器により、電力システム全体の安定度に悪影響が及ぼさないようにできる。

たな制御手法を考えなくてもよい[8]。なお、本手法は、火力発電等の電力系統安定化制御（Power System Stabilizer、略してPSS）にも同様に適用可能であり、このコントローラをPSSとしてプラグインすることで電力システム全体の安定度を高めることができる。

7.5　スマートアグリゲーションのための配電系統

　電力潮流を流す電力系統について、前節までは比較的電圧の高い状態で電力の輸送を担当している送電系統について説明してきた。ここでは、輸送されてきた電力を低い電圧で需要家に配る役割を持つ配電系統について述べる。配電系統は需要家に最も近く、住宅用の太陽光発電が多く連系される部分に当たる。電力自由化の進展に伴い、配電系統も公的な第三者機関としての系統運用者（一般送配電事業者）が管理することになる。

　本節では、従来の配電系統の運用と制御および太陽光発電の大量導入に対応するための課題、さらに将来の配電系統に求められる役割について述べる。

7.5.1　従来の配電系統の概要

　図7.5.1に電力系統構成の概要図を示す。発電所にて発電された電力は、基本的に超高圧の電圧へと昇圧され、上位の基幹系統を通じて大量に送られる。その後、各地域へと張り巡らされた地域供給系統を経由して徐々に降圧されながら需要地の近くまで運ばれ、最終的には配電系統が各需要家に電力を届ける役割を担っている。これら送配電設備を「道路」に例えてみると、

- 基幹系統：集中的に整備、管理されている高速道路
- 地域供給系統：大動脈となっている国道やバイパス
- 配電系統：住宅の近くまで隈なく通っている県道、市道

といったイメージとなる。すなわち、基幹系統や地域供給系統は大量の電力を一気に遠くまで送るので「送電系統」、配電系統は各需要家に電力を配るので「配電系統」と呼ばれている。

　配電系統は需要家に一番近い部分であり、特徴としては主に以下の3点が挙げられる。

（1）【電圧制約】公衆の安全のため「電圧が規定」されている。日本では

第2部 スマートアグリゲーションに向けた先端的アプローチ

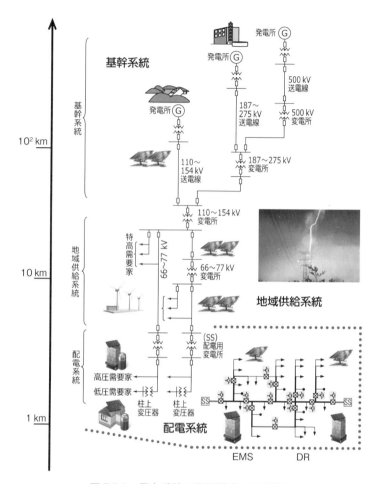

図7.5.1 電力系統の階層構成と配電系統

配電系統は階層構造を持つ電力系統で最も需要家に近い部分であり、家庭のルーフトップに導入される太陽光発電はここに接続される。

$101\pm6\,\mathrm{V}$、もしくは $202\pm20\,\mathrm{V}$（低圧線、屋内配線）。

(2)【設備的特性】全ての需要家まで張られており、「設備数が多い」。そのため、「制御が局所的（ローカル）」となる傾向がある。

(3)【地理的特性】全ての需要家まで張られており、「地理的な広がりが大きい」。よって同じく「制御が局所的（ローカル）」である。

第 7 章　系統制御とスマートアグリゲーション

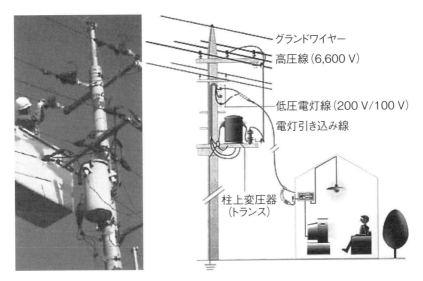

図 7.5.2　配電系統の設備
配電用変電所から 6,600 V にて高圧線で送出、電柱にある柱上変圧器にて 100/200 V に降圧後、低圧線、引き込み線を経て各需要家に届けられる。

　図 7.5.2 に配電系統設備の模式図および実際の写真を示す。送電系統を流れてきた電力は配電用変電所にて降圧され、配電系統の「高圧線」を通じて 6,600 V で送られる。その後、一部の電柱の上に置かれている「柱上変圧器」で 100/200 V に降圧され、「低圧線」を通じて需要家まで近づいた後、「引き込み線」で最終的に各需要家まで届けられる。なお、一番上の「グランドワイヤー」は雷害対策であり、通常電力は流れていない（通信機能を持たせることはある）。

　上記 (1) の電圧について、同じ大きさの電力を送る場合、電圧の高い方が電力損失も少ないため有利となるが、電圧があまりに高ければ誤って人が感電した際に大変危険である。よって、公衆に近い低圧線や屋内配線は唯一、法的に電圧が決められている。また、一般的な家電製品なども、この規定電圧範囲内であれば問題なく動作するように設計されている。よって、配電系統では何があっても「低圧線は 100 か 200 V（101±6、202±20 V）」を守る義務がある。

　次に (2) について、電力供給はライフラインとして重要なインフラであり、

いわゆるユニバーサルサービスが要求される。よって、全ての需要家まで低圧線を引く必要があることから必然的に関連する設備数が多くなり、それは送電系統のそれと比較にならないくらい圧倒的である。また（3）についても、送電系統が目標地点まで直線的に用意されればよいのに比べ、面的に広がっている全ての需要家をつなぐ必要があることから、地理的な広がりも圧倒的に大きい。よって、集中制御をするには技術的にもコスト的にも負担が大きく、いままでは基本的に局所的（ローカル）な運用・制御になっている。

図 **7.5.3** に典型的な都市部の配電系統図の一例を挙げる。これは電気的な接続状態を表現するための系統図で地理的な情報を示しているわけではないが、それでも設備数の多さと広がり具合はイメージできると思われる。また、これは1カ所の配電用変電所が通常供給している範囲だけを抜き出したものであり、実際には隣にも同じような配電用変電所があって互いに接続されていて、ある地域には少なくとも2カ所以上の配電用変電所から電力が供給できるようになっていることが多い。通常はその突き合わせ点が開放されて運用されていて、作業や事故復旧などが必要なときに切り替えが行われる。

まず、中央に「配電用変電所」があるが、ここに向けて送電系統から電力が送られてくる。その後、変電所内の変圧器で電圧を高圧レベル（6,600 V）まで下げ、地下の「ケーブル配電線」や電柱の上の「架空配電線」など各需要家まで隈なく張り巡らされている配電線を通じて配電されていることがわかる（ただし、ここでは高圧線までしか描かれていないが、実際には柱上変圧器、その下の低圧線があり、各需要家までつながれている）。

7.5.2　太陽光発電大量連系による課題

さて、太陽光発電の大量導入が進むことによる配電系統における技術的な懸案事項としては、主に以下の項目が挙げられる。

- 周波数問題（変動がおおむね ± 0.2 Hz 以内）
- 高調波問題（電圧歪率は5％以内）

→電圧分布（制約違反）問題（低圧で 101 ± 6 V 以内）
→電圧不平衡問題（不平衡率は3％以内）
→事故時の検出・復旧問題（できるだけ早く）

もちろん太陽光発電は温室効果ガスを発生しないなど良い面も多くあるが、

第7章 系統制御とスマートアグリゲーション

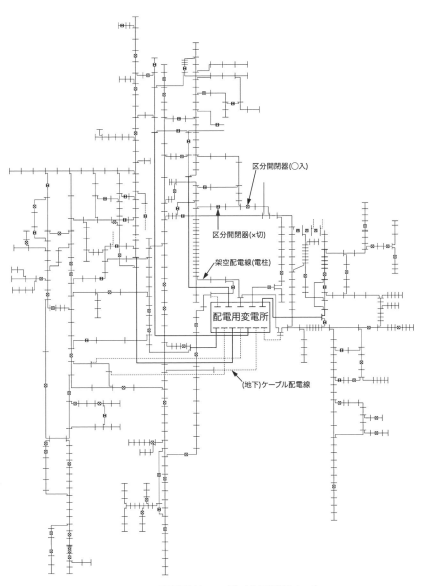

図 7.5.3 配電系統の一例（高圧系統まで）
中央の配電用変電所から地下ケーブルや電柱上の電線が張り巡らされており、設備の多さや
地理的な広がりがイメージできる。

主に太陽光発電が連系される配電系統を運用・制御する立場からすると、上記の点は必ずクリアする必要があり大きな懸念事項となる。ただし、周波数問題は主に需給面での問題（前節までで説明済み）、また高調波については機器的な問題であるためここでは省き、上記「→」の項目である電圧分布、電圧不平衡、事故時の検出・復旧の課題について述べる。

まず、太陽光発電の電源としての特徴のうち、懸案事項として挙げられるのは主に以下の項目である。

(1) 太陽光を利用するので「出力が天候によって変動」すること。
(2) 小規模なもの（住宅用太陽光発電システム）が「分散して配置」されること。
(3) 直流（DC）発電であるため、交流（AC）に変換するためのパワーコンディショナ（Power Conditioning System：PCS）が必要であること。
(4) （制度的に）賦課金や出力抑制による「不公平感」が存在すること。
(5) （制度的に）電力自由化による「事故時の責任分担」が不明瞭であること。

これらの項目と前述の課題との関係を著者なりにまとめてみたものが**図7.5.4**である。電圧分布問題と不平衡問題は通常運用・制御時の課題Aとして、また事故など緊急時の問題については少し細かく3つの課題Bとして分類してある。

まず、(1)の出力変動が避けられないという点については、A-1「電圧上・下限の逸脱問題」やA-2「不平衡問題」に大きく関わる。また、(2)の小規模な電源として分散して配置されることも同じくA-1の電圧上下限問題やA-2の不平衡問題に関係する。さらに、分散型であるがゆえに、事故時のB-1「単独運転防止」やB-2「事故後の復旧過程」を複雑・困難にしていることになる。

次に、(3)の直流発電がゆえにPCSが必要という点はB-3のFault Ride Through（FRT）に関連しており、これはPCSがパワーエレクトロニクス（パワエレ）機器であるということに起因している。最後の2つ(4)(5)については、技術的問題そのものというより制度的、ルール的な問題として挙げられているものであるが、それに対応するために技術的な課題がある。

以下では、上記の課題の観点からそれぞれについてまとめてみる。

第 7 章 系統制御とスマートアグリゲーション

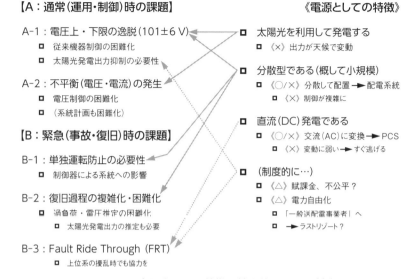

図 7.5.4 太陽光発電の特徴と技術的課題との対応

右側の「電源としての特徴」が、左側の「課題」に対してどのような関係があるかを矢印で示してある。点線は制度的な話題を示す。

A. 通常(運用・制御)時の課題

(A-1) 電圧上・下限の逸脱

そもそも、今までの配電系統は上位系統から送られてくる電力を各需要家に配ることが目的であり、電力潮流(電力の流れ)は上位→下位へと一方通行であった。よって、電圧分布も配電用変電所の出口から順に下がっていくことになり、設備的にもそのように整備されてきた。運用方法としても需要家の需要電力だけを予測すればよく、いままでの膨大な経験から問題なく想定できていた。したがって、最終的な制御についても一方通行の電力潮流を想定し、配電用変電所出口での電圧を制御していれば以降の電圧分布はほぼ予定どおりに収まるため、それに必要十分な電圧制御機器が設置され、活用されてきた。**図 7.5.5** に 1 フィーダだけを取り出した配電系統の模式図を示す。上半分の系統図のように 5 カ所に需要家が存在し、左側の配電用変電所から電力が供給されている場合、下半分のグラフの下側の線のように一様に下がるような電圧分布になる。よって、低圧系のレベルで全体的に 107～95 V の

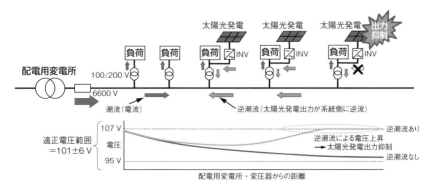

図 7.5.5 電圧上・下限の逸脱（1 フィーダの模式図）（文献 9）を参考に作成）
5 つの需要家に対して配電用変電所からのみ電力供給している場合はグラフの下側の線のように一様に下がるような電圧分布になるが、逆潮流の生じるほど太陽光発電出力が大きくなると上側の線のように電圧が上限を超え、出力抑制がかかる部分が出てくる。

間に収めることは比較的容易であった（線路の長さによっては、途中で電圧が下がりすぎる場合も多く、途中でSVR（Step Voltage Regulator）などの電圧制御機器が設けられる）。

しかしながら、今まで電源のなかった配電系統内に太陽光発電が導入されてくると、まずは発電した電力が自分の負荷を相殺することになり見かけ上の負荷が減る。すると、配電線にあまり電力が流れなくなってきて、電圧の低下が緩やかになる。さらに導入が進んでくると、負荷を上回るほどの発電が行われる時間帯が現れ、電力が逆流するという現象が起こる。これを「逆潮流」と呼び、グラフの上側の線のように電圧の上昇を引き起こす。電圧上昇が起こってもそれが規定値内の 107 V 以下に収まっていれば問題はないが、それ以上に上昇するほど太陽光発電が大量に導入されると問題となる。また、この上昇分を加味して配電系統の電圧を低めに制御しているときに急に日射が減って太陽光発電の出力が下がれば、逆に下限値を下回るという可能性もある。

実際、本書の執筆時点で既に上記の問題は発生しており、新しい電圧制御機器の開発や、太陽光発電を効果的に出力抑制する方法などは国レベルでの実証試験も進んでいる。また、IoTや情報通信ネットワークを活用した新しい制御方法なども盛んに研究されている。ただし、先に述べたように配電系

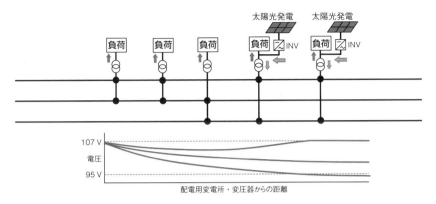

図7.5.6 不平衡の発生

二相3線式を具体的に描くと図のようになり、太陽光発電からの出力によって三相間のバランスが崩れると不平衡が生じることがわかる。場合によってはグラフの一番上の線のように部分的に電圧違反を生じる可能性もある。

統は対象機器の数が多く、また地理的に広がっているためにコストの問題には注意が必要である。

(A-2) 不平衡の発生

電線を使って送電する場合、3本の電線で三相電力を送るのが最も効率が良くなることが知られており、送電系統はもとより配電系統においても高圧系統（6,600 V）まではほとんどが三相3線式で構成されている。**図7.5.6**にその模式図を示す（なお、図7.5.5では簡単のため3本の線を1本で表している）。低圧系統、家庭用のコンセントなどは単相であるので3本のうち2本を取り出すことでこれを実現している（厳密には様々な接続方法がある）が、動力として電力を使うモータなど三相のまま接続する機器もあり、この三相間はバランスが取れていて平衡状態にあることが望ましい。

平衡状態とは、各相間で大きさが等しく位相角がちょうど120度ずれた理想的な状態を指し、これが崩れた状態を不平衡状態という。この崩れている割合を不平衡率というが、不平衡が大きくなると三相モータの動作に影響を与えるため、この不平衡率は3％以内に抑えることが規定されている。

3本のうち2本を取り出して単相とし各負荷に接続されている形であるので、接続自体もバランスを取らないと不平衡になる可能性があるが、どの程度の負荷をどの相間に接続するかは計画的に決定されていたので、いままではそれ

ほど問題なく運用されてきた。しかし、太陽光発電が大量に連系されてくると、連系先がどの相間になるのかによってバランスに影響を与え、かつ日射の変化によって各相間のバランスも変動するため平衡状態の管理が難しくなる。また、先のA-1電圧上・下限の問題も低圧において規定値以内に入っていないといけないため、ある相間だけ規定値を逸脱するということも生じてくる（図7.5.6下のグラフ）。

B. 緊急（事故・復旧）時の課題

ここからは、緊急時（事故時やその後の復旧段階）に問題となり、解決が求められる課題について述べる。

(B-1) 単独運転の防止

単独運転とは、上位から電力が送られていないのにある部分だけ電圧がかかっている状態をいい、事故が起こった際に問題となる。配電系統では、樹木などが電線に接触して大量の電流が流れてしまう「短絡」や、何かが電線を切ってしまう「断線」などの事故が多く、いずれも作業員による修理が必要となる。また、そもそも公衆に最も近い場所の電力設備であるため、作業員や公衆の安全のため、事故が起こるとまずは根元から送電を止めてしまうことになっている。

通常、配電用変電所の出口にあるリレー（継電器）が常に事故を監視しており、例えば短絡で大量の電流が流れ出ていかないかなどをチェックしている（各家庭で電気を使いすぎるとブレーカが落ちるが、原理的には似ている）。しかし、下流に新たに太陽光発電が導入されてくると、たとえ事故が発生しても太陽光発電がその事故電流を供給してしまい、根元のリレーが動作するほどにはならず（負荷が増えた程度にしか見えない）、事故に気づけない可能性がある。また、運よく根元で遮断できたとしても、太陽光発電からの出力と負荷とがちょうどバランスしてしまうと太陽光発電が動き続けることになり、配電線に電圧が掛かったままとなって作業員や公衆が感電してしまう恐れがあり、大変危険である。これが単独運転状態である（**図7.5.7**）。

よって、現在の太陽光発電システムは、自分の連系している配電線が単独運転状態にあるかどうかを常に監視するよう義務づけられており、その機能が付加されている。しかし、この機能自体が電力系統に影響を与え、フリッ

第 7 章　系統制御とスマートアグリゲーション

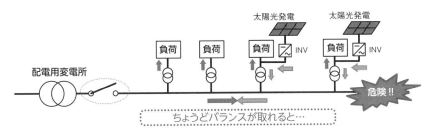

図 7.5.7　単独運転の防止

事故時は配電用変電所の出口で遮断されるが、太陽光発電が出力したままだと電圧がかかっている状態となり作業員や公衆にとって危険なので、事故時には太陽光発電が自分自身を解列することになっている。

力として現れてしまったという事態も起こっている。

(B-2)　事故復旧過程の複雑化・困難化

次に、事故がちゃんと検出され遮断が成功したとしても、そこから復旧していく際にも課題がある。日本では、諸外国に比べ配電系統での設備投資が進んでおり、事故復旧も比較的高いレベルでの自動化が実現されている。**図 7.5.8** に単純な配電系統の一例を示す。

下側の図は左右に配電用変電所（SS）があり、両側から送電されている例である。途中、四角（□）の中にバツ（×）印がある 2 種類の記号で区切られていることが見て取れるが、これが「区分開閉器」と呼ばれるスイッチである。普段は常に「入」になっているものと、常時は「切」になっているものがあり、これらを用いてどちらの変電所から供給するかを制御することができる。また、これらは事故時および復旧時にこそ威力を発揮し、自分自身にかかっている電圧、流れている電流を検出することができ、その機能を使って半自動的に復旧が可能である。

例えば、短絡事故が発生すると電流が大量に流れるが、それをフィーダの根元で検出し遮断する。すると当該フィーダに電圧がかからなくなるので、各区分開閉器は根元が遮断されたことがわかる。その後、根元から徐々に区分開閉器を入れていき、事故点に到達するとまた事故状態になる。この時点でどの区分開閉器を入れた瞬間に事故が再発したかがわかるので、その最後の区分開閉器をロックすることで、残りの部分は復旧させることができる。

この事故・復旧プロセスを具体的なステップで表すと以下のようになる。

第2部　スマートアグリゲーションに向けた先端的アプローチ

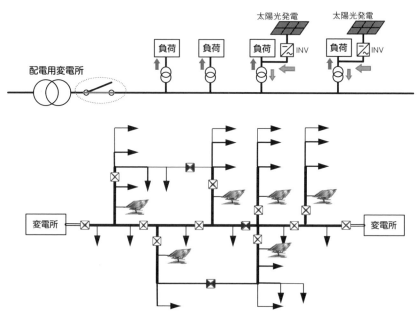

図 7.5.8　事故復旧過程の複雑化・困難化

区分開閉器を駆使して自動的に事故復旧が可能であったが、太陽光発電が大量に導入されてくると事故前と後とで様相がかなり異なることになるため、事故復旧が困難となる。

① 事故発生。
② まず、配電用変電所のフィーダ出口で事故を検出し、根元から遮断。
③ 各区分開閉器は、自身の電圧がなくなったことを検知し、自分を「切」の状態にして復旧の準備。
④ 根元の遮断器を「入」として送電再開。
⑤ 次の区分開閉器は、自身に電圧が掛かったことを検出し、1つ手前まで送電されてきたことを知る。
⑥ その際、事故が再発し遮断されればすぐにまた電圧が喪失するので、自分のすぐ手前に事故点があることがわかる。
⑦ すぐに電圧が喪失しなければ自分を「入」とする。
⑧ 自分を「入」とした瞬間に遮断されたとすると、自分の次の区間に事故点があることになるので、自身を「切」とした上で「ロック」する。
⑨ 事故が再発したので上記①〜③がもう一度実施されたことになり、④

から再度、順番に送電することで⑧のロックした場所までは復旧。
　実際は、反対側からの復旧などのプロセスも含むが、流れはおおむね上記のとおりである。
　この方法は、配電系統に負荷だけが存在する場合には、ローカルの情報および制御だけで自動的に事故区間の特定と途中までの復旧が行われるので、大変有用な方法である。しかし、太陽光発電が大量に導入される場合を考えると主に以下の2点が問題となる。

- 事故が起こると単独運転防止のために太陽光発電は全て解列され、事故前と復旧後の見かけ上の負荷が異なる。
- 復旧後、また太陽光発電が復活してくるので、先の電圧問題などが懸念される。

　先のB-1で説明したように、事故時は単独運転を防止するために全ての太陽光発電は解列される。よって、事故前は太陽光発電が負荷を相殺したり逆潮流を流したりしていたはずであるが、復旧時にはそれがないことになり見かけ上は負荷が増大したように見える。
　よって、今まで通りの復旧方法だけだと先に述べた課題A-1、A-2などの電圧問題に対応できず、追加の制御が必要になると考えられる。また、無事に復旧できたとしても次に太陽光発電が復活してくるため、同じく課題A-1、A-2に対応しなくてはならない。

(B-3)　Fault Ride Through (FRT)

　最後に、フォルト・ライド・スルー（Fault Ride Through：FRT）と呼ばれる機能について触れておく。これは配電系統というよりは送電系統、同期安定度などに関連する課題であるが、接続先は配電系統が多く、与える影響も大きいので簡単に説明する。
　太陽光発電は直流発電装置であるので、配電系統には交流に変換するPCSを介して連系される。このPCSはパワーエレクトロニクス機器（以下、パワエレ）であり、事故などの大きな擾乱に敏感であることが知られている。よって、配電系統自身の事故でなく上位の事故による電圧変動であっても敏感に反応し、自分自身を守るために勝手に解列してしまうことがある。
　上位系の事故の場合、通常は雷が原因であることが珍しくなく、その場合は自動的に一瞬で復旧できるシステム（高速遮断・復帰、自動再送電など）

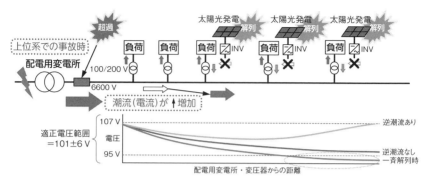

図 7.5.9　太陽光発電の一斉解列イメージ

上位系での事故に対して太陽光発電の PCS が反応して一斉解列してしまうと急に負荷が増えることになり、配電系統でも電圧の問題が出てくる。

が装備されており、何事もなく送電が継続されることも多い。よって、配電系統も何事もなく運用されることになる。

しかし、一瞬で自動的に復旧されるといってもやはり瞬間的に電圧が下がったりする（瞬時電圧低下）などの影響は避けられず、配電系統に接続されている PCS がこれに敏感に反応し、問題がないのに解列する可能性がある。すると、日射があったとしても太陽光発電からの出力がなくなることとなり、さらにそれが一斉に発生することも十分考えられる。これは、前述した内容と同じく見かけ上の負荷が急に増えることと等価であり、電圧問題などを引き起こす（**図 7.5.9**）。よって、このような事故でも簡単に解列せず、できるだけ出力を続けるようにする機能が FRT であり、今後はこの機能も実装されるように要求されると考えられる。

7.5.3　スマートアグリゲーション実現のための配電技術の例

前節までに、配電系統の設備構成や運用方法などについて述べ、また太陽光発電が大量に導入される際に懸念される技術的、制度的課題についてまとめてきた。これらは電力の安定供給のためには必ず対応しなければならない課題であり、これはいつの時代にも、どのような枠組みであっても必達の項目である。

改めて、太陽光発電の基幹電源化に貢献するスマートアグリゲーションを

実現するために配電系統で考慮すべき項目を整理すると、以下のように要約されると考えられる。

- 上位の概念（スマートアグリゲーション）を実現する際、配電系統を経由する必要がある場合には、前節までの物理的・制度的な制約を考慮する必要がある（物理的制約）。
- また、配電系統は電力システムの末端に位置し、多数の住宅用太陽光発電や需要家負荷に最も近いため、その出力変動や需要変動の影響を直接受ける（影響度、連結点⇔センサー＋アクチュエータ）。
- さらに、配電系統は設備数が圧倒的に多く地理的な広がりもあり、全てを集中的に管理することが難しい（数的・地理的制約、コスト問題）。
- そうであっても、非常時にも需要家の停電を避け、できるだけ速やかに復旧していくことのできるような柔軟なシステムが必要となる（オープン適応化）。

すなわち、太陽光発電・需要家に最も近く、地理的に広がって分布している圧倒的な数の設備に対し、コストを抑えつつスマートに制御し、物理的制約を満たしながらスマートアグリゲーションを実現、かつ非常時にも柔軟に対応することのできる技術の開発が必要である。よって、主に以下の点に注目して研究が進められている。

- 多くの設備・装置について情報収集、管理、制御を行おうとすると、必然的に IoT 技術が必須となる。
- ただし、全てを中央集中的に管理・制御することは技術的、コスト的に難しく、ローカルな制御を高度化しグローカル制御を活用すべきである。
- 回転機の減少による同期化力の欠如など、事故時など緊急時におけるオープン適応化や調和的ロバスト化についても対応が必要である。

エネルギーの流通においては今までどおり電力ネットワークの制約を考慮する必要があり、その上でアグリゲータはより経済的・効率的な流通を目指した計画値の作成や調整力の確保を行うことが役割となる。さらには非常時において重要施設に安定的に電力を供給したり、大規模電力系統から切り離しても電力供給が可能なネットワークを構築したりすることも期待される。

具体的には、1.4 節にて述べたように、配電系統においては太陽光発電予測を用いつつ各種需要家のエネルギーマネジメントシステム（xEMS）と連携

し、かつ同期化力を提供する先進的なインバータの自律制御により事故時対応や緊急時系統独立といった機能を実現することが必要と考えられる。

スマート電源化のレベルを表した図1.4.1の配電制御部分に注目すると、まずはIoTを活用した設備群の先進的なグローカル協調制御により配電レベルでの技術的、制度的課題を解決することで太陽光発電の受け入れ容量をできるだけ拡大することが目標であり、次にパワエレ機器の自由度を積極的に高活用化することでさらなるフレキシビリティの向上を目指し、さらに同期化力まで提供するような先進的なインバータ制御を実現し、非常時に独立系統として生き残ることができるような技術を開発してオープン適応化を実現することが、真の調和的ロバスト性を確保するために必要であると考えられる。

これらを踏まえ、上記のうち配電制御の「高度協調制御」の一例として(1) IoTを活用した電圧制御を、また、(2) パワエレ機器高活用化および (3) オープン適応化の一例として実施している同期化力インバータに関する研究例を以下に示す。

(1) マルチエージェントを活用した電圧制御 (IoTの活用)

先ほどA-1で説明したように、配電系統の電圧制御はフィーダ出口のところの変圧器(負荷時タップ切り替え変圧器:LRT、Load Ratio control Transformer)での調整が最初で、途中にも電圧制御のための機器(配電用自動電圧調整器:SVR)が設置されていることが多い。ただ、これらはタップという切替器によって変圧比を離散的に切り替えることにより調整され、特にSVRは自分自身でローカルに得られる情報しか用いないため、太陽光発電の大きな出力変動には追従することが難しいというのが課題である。

そこでそれらの機器を「エージェント」としてモデル化し、センサや簡素な情報通信設備を持たせることでIoT化が実現できることを前提に (**図7.5.10**)、より効率の良い電圧制御方法を提案している[10)、11)]。

この例は1フィーダの出口にLRT、途中に2台のSVRが配置されていて、最も遠い場所に大きな太陽光発電設備が集中的に導入されている厳しい状況でシミュレーションを行ったものである。各電圧制御機器には現在でも自身の電圧を測るセンサは装備されているので、追加のIoT機能として簡素な通信機能を持たせ、自分自身の行動を決定するようにモデル化しエージェン

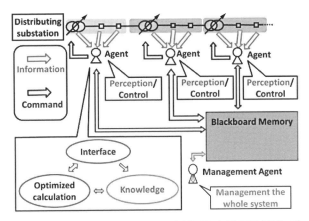

図 7.5.10 マルチエージェントを活用した電圧制御[10]、[11]

各電圧調整機器に簡素な通信機能とセンサを装備し、配電系統レベルで必要最小限の情報共有を行うことで、効率的な電圧制御を行う。

トとしている。さらに、必要最小限の情報を共有するために掲示板として黒板（Blackboard）を設け、全員がそこで情報を共有するという枠組みである。
図 7.5.11 にシミュレーション結果の一例を示す。

グラフの左側が電圧値の時間変化、右側がタップを切り替えたその位置を示している。太陽光発電の出力変動によって昼間の電圧が激しく揺れていることがわかる。上段は従来と同じく自分で測定した情報だけで制御を行った場合、下段は IoT を活用した提案法であるマルチエージェント法の場合である。上段の従来法は変化の激しさについていくことができず電圧制約に違反していて、かつタップも下がってすぐ上がるといった無駄な動きをしているが、下段の提案法は全ての時間帯で制約内に電圧が制御できており、かつタップの無駄な動作も見られない。

よって、前節までに説明したように、従来法では電圧制約違反が起こってしまっており、違反した場所では太陽光発電の出力抑制がかかり不公平が生まれるという状況であるが、提案法を用いればより効率的な制御ができ、より多くの太陽光発電を受け入れることができる。

（2）単相同期化力インバータの開発（パワエレ機器高活用化）

次に、パワエレ機器高活用化の研究例として、単相同期化力インバータに関する研究について述べる。7.3.2 項でも言及されているように、インバー

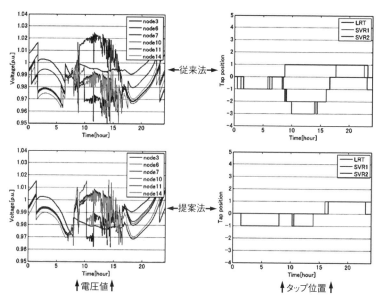

図 7.5.11 マルチエージェントを活用した電圧制御（結果の一例）[10]、[11]

上段が従来のローカル制御、下段がマルチエージェントの提案法、左側が各ノードの電圧値、右側がタップの位置を表している。

タはロータが回転しているわけではないので慣性力がなく、いわゆる同期化力を発生しない。また、7.5.2項のB-3でも説明したように、パワエレ機器自身を守るために敏感に反応し、すぐに解列してしまうという問題があった。

そこで、太陽光発電システムや蓄電池からの直流電力を交流電力に変換するインバータ（PCS）の制御を高度化し、外部から見ればあたかも回転機であるかのように振る舞う「単相同期化力インバータ」を開発している[12)、13)]。

図7.5.12 に概念図を示す。左上のEnergy storage device（蓄電池など）に対してインバータを介して右上の系統に連系している様子を示している。この開発している単相同期化力インバータは、その内部に図の下段に示すような発電機モデルを持ち、常にその回転機としての振る舞いを計算している。

数値シミュレーションでの動作確認は終了し、現在は実際にインバータを開発している段階であり、開発したプログラムを実機に搭載し現実に近い形で検討を進めている。

図7.5.13 は、その実機検証の様子（左側）とその結果（右側）を示してい

第7章 系統制御とスマートアグリゲーション

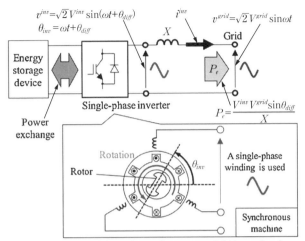

図 7.5.12 単相同期化力インバータの概念図[12]

左上のバッテリからインバータを介して右上の系統に連系されている様子を示している。そのインバータの中では、下段のような発電機の振る舞いを内部モデルとして計算し、それに従って高度に制御する。

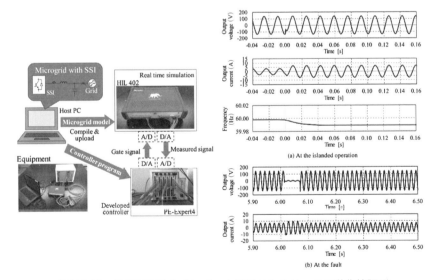

図 7.5.13 単相同期化力インバータ開発コントローラの動作検証[13]

左側が実験用のインバータ実機、右側が動作検証結果を示す。

る。パソコン上で開発した制御プログラムをコンパイルした上で実験用インバータ制御系に組み込むことで試作機とし、同じくパソコン上でモデル化した配電系統を Hardware-in-the-Loop（HIL）上に実装することで現実の配電系統に接続されている状態をリアルタイムで検討している。

　実際には様々な内容を検証しているが、ここでは緊急時に独立系統として運用できるかについて確認した結果を右側に示している。上側3つのグラフは、インバータからの出力電圧、電流、周波数について配電系統に連系している状態から 0.00 秒で切り離したケースを示しており、問題なく独立系統に移行できていることがわかる。また、下2つのグラフは6秒過ぎに事故が発生した場合を検討した結果であり、問題なく運転が継続されていることが見て取れる。

　よって、このようなインバータが普及すれば、もしものことがあった場合でも重要な地域をマイクログリッドとして独立させることが可能となるばかりか、通常時にもこの同期化力を積極的に活用し、上位系での安定度の向上に貢献できる可能性もある。

参考文献

1) 電気学会：電力系統の需給制御技術，電気学会技術報告、II-302（1989）
2) 電気事業連合会：http://www.fepc.or.jp/
3) T. Masuta, J. Ito, T. Kondo, H. Sugihara, N. Yamaguchi, and N. H. Viet : Optimal PV Curtailment using OPF with Transmission-Network Constraints Considering Locations of PV Systems, IEEE PES Innovative Smart Grid Technologies Conference Europe（ISGT-Europe）（2017）
4) 児島　晃：H∞予見制御、計測と制御、39-5、331/336（2000）
5) 發知、端倉、児島、益田：H2 予見出力フィードバックの導出とその負荷周波数制御への応用、電気学会論文誌C、137-6、834/844（2017）
6) K. Hashikura, R. Hotchi, A. Kojima, T. Masuta : On implementations of H2 preview output feedback law with application to LFC with load demand prediction, International Journal of Control（Published online : 13 Aug 2018）
7) 杉原、山口、舟木：出力変動型電源の大量導入時における電線温度型送電容量制約の適用に関する基礎的検討、平成 27 年電気学会全国大会講演論文集、6-130（2015）
8) T. Sadamoto, A. Chakrabortty, T. Ishizaki, J. Imura : Retrofit Control of

Wind-Integrated Power Systems, IEEE Trans. on Power Systems, 33-3, 2804/2815 (2018)
9) 資源エネルギー庁：低炭素社会実現のための次世代送配電ネットワークの構築に向けて、次世代ネットワーク研究会報告書 (2010)
10) 餘利野、造賀、渡辺、久留島、井上、佐々木：多点電圧制御問題を考慮した電圧制御機器群の最適自律分散制御、電気学会論文誌B、136-4、355/364 (2016)
11) 造賀、et al.：配電系統分散電圧制御における系統構成変化および電圧制御機器群の無駄動作への対応、電気学会論文誌B、138-1、14/22 (2018)
12) S. Sekizaki, Y. Sasak, N. Yorino, Y. Zoka, Y. Nakamura, I. Nishizaki : A Development of a Single-phase Synchronous Inverter for Grid Resilience and Stabilization, Proc. of the 2017 IEEE Innovative Smart Grid Technologies-Asia, 316, 1/5 (2017)
13) 関崎、餘利野、佐々木、松尾、中村、造賀、清水、西崎：電力系統安定化と非常時のマイクログリッド運用を目的とした特性非干渉型単相同期化力インバータの提案と実験的検証、電気学会論文誌B、138-11、893/901 (2018)

第3部

次世代電力システムの
開発・構築・検証から
Society 5.0 への展開

第8章 ビッグデータと数理モデル連携によるシステム開発

　電力システムのデータは膨大である。電力システム開発を大きなプロジェクトで実施するには、このようなビッグデータをいかに効率よく連携して共同利用するかに関わってくる。電力コラボレーションルームはその１つの試みである。一方、入手可能な電力システムのデータや太陽光発電量データは、状況が限定されたものがほとんどで、我々が想定する状況を完全にカバーするものとはなっていない。そのため、入手可能なデータから、様々な物理的な因果関係などを用いて仮想的に必要なデータを創成することが重要である。後半では、これを実現するために「クリエイティブ・データサイエンス」という新しい研究分野を提案し、その概要を紹介する。

8.1　電力コラボレーションルーム

　太陽光発電の基幹電源化に向けてビッグデータと数理モデルの連携を行い、研究を遂行するためには、様々な分野の研究者が集まり、それぞれの専門分野の違いを乗り越えた共同作業を行う必要がある。すなわち、ある研究者が、異分野の研究者の研究結果を前提として引き継ぎ、自分の研究に取り込んで新たな研究結果を生み出すという作業が、複数折り重なって遂行される。

　ここで意味する異分野の研究結果とは、普遍的な定性的な知見ばかりでなく、個別具体的なデータやシミュレーション手法なども含まれる。したがって、従来の学術的な会議のようなプレゼンテーションを中心としたディスカッションに加えて、実際のデータやシミュレーションプログラムを実地で表示もしくは実行しながらの共同作業も有効である。

第8章 ビッグデータと数理モデル連携によるシステム開発

図 8.1.1　HARPS 電力コラボレーションルーム
異分野研究で使用される数値データやシミュレーションプログラムに踏み込んだ議論を行うための大型ディスプレイと計算サーバ群を備えた研究会議室を構築している。

このような共同研究作業を支援するため、著者らは「電力コラボレーションルーム」を設置した（**図 8.1.1**）。この電力コラボレーションルームは、異分野の研究者が集まり、実際に計算機シミュレーションを実施しながら研究ディスカッションをすることが可能な研究会議室である。ここでは、電力系統モデル、電源構成モデル、電力市場モデル、集配層の数理・ビッグデータモデルを組み合わせ、各研究者が開発した各種の時空間レベルの制御手法を組み込んだデジタル電力シミュレーションを実行し、それらの協調効果を検討することが可能になっている。

8.1.1　ビックデータ連携に向けての環境整備

電力コラボレーションルームの構築準備のため、著者らを含む研究プロジェクト HARPS のグループのリーダーに聞き取り調査を実施し、整備すべき環境についての要件を取りまとめた。**表 8.1.1** は整理された要件である。各研究者の要望では、多様で大きいサイズのデータの効率的な活用に関するものが多い。特に、データの可視化や大きなデータセットから必要な部分だけを簡単に取り出せる仕組みの整備の希望が強い。また、場所が離れた研究者が遠隔から計算サーバを使用したり、研究成果を一般公開するためのシステム構築についても意見が出された。

表 8.1.1 電力コラボレーションルームの要件

サイズが大きい気象や電力需給、卸電力価格のデータを効率的に利用したいとの要望が多い。

- **要件 1**：HARPS メンバーが HARPS 提供の各種データベースからデータを取り出す・登録する。
    - HARPS データベースは、OCCTO、JEPX、気象衛星データなどを収集・保持・提供する。また、HARPS 研究成果も保持・提供する。
    - データベースアクセス用の GUI インターフェイス（ウェブアプリケーション）の整備も検討する
- **要件 2**：HARPS メンバーが VPN リモートデスクトップ接続により遠隔から計算環境を使用する。
    - 研究用プログラムを実行したり、ダウンロードが困難な大量のデータを計算機上で分析する。
- **要件 3**：系統モデル、電源構成モデル、電力市場モデル、中間層モデルと組み合わせて、研究者が持ち寄った研究用プログラム A、B、C…を連続して実行し、研究の議論をする。
    - 共通部分については、研究者・学生にソースコードを提供し、プログラムの連成実行を行う。インタラクティブな操作表示画面を構築可能とする。
- **要件 4**：情報公開システムで、一般ユーザーが OCCTO、JEPX、気象衛星データを閲覧する。
    - 電力系統情報を表示するシステム。基本的には実験時に使用するが、実験時以外での一般公開も検討する。
    - 情報の再配布になるので、許可や免責、過去の元データの修正対応など、検討・確認が必要
    - 気象データは、秘密保持契約の前提での利用かどうか確認が必要
- **要件 5**：情報公開システムで、一般ユーザーが HARPS の研究成果のデータを閲覧する。
    - 電力系統情報を表示するシステム。基本的には実験時に使用するが、実験時以外での一般公開も検討する。
- **要件 6**：HARPS のポータルサイトから情報公開システムと研究データベースにアクセスする。
    - ユーザー認証を行う。
- **要件 7**：情報公開システム、データベース、要件 3 システムのユーザー管理、アクセス管理を行う。

表 8.1.2 は、研究で扱いたいデータの一例をまとめたものである。データに関する全体的な要望として、このような大きく多様なデータは、単に保存するだけでなく、出所や定義がわかる状態で提供される必要があることも指摘された。研究者にとって、自分の研究分野に関するデータについては既にどのような情報なのかを把握できているが、他の分野については事前に理解で

表 8.1.2　研究で扱うデータの調査（例）

他の分野の研究者に提供することが可能と見込まれるデータをまとめた。

- **何らかのシステムとしての成果指標（例）**
  - 供給コスト（or 社会厚生）
  - 供給信頼指標（停電がない）
  - 環境負荷指標（CO_2排出が少ないなど）
- **シナリオとして与えられるような外部環境の状態を表す変数（例）**
  - 結果としての天候
  - 電力システム事故
  - 一次エネルギー価格
  - 電力需要変動（気温との相関）
- **気象関連データ**
  - 日射量推定値（気象衛星ベース）
  - 太陽光発電量
- **電力需給関連データ**
  - 再生可能エネルギー電源
  - 需要
- **電力系統関連データ**
  - 発電所［発電機起動停止（ON/OFF）、有効電力出力（P）、無効電力出力（Q）、母線電圧（V）、位相角（δ）］
  - 送電線（ブランチ）・連系線［通電状態（ON/OFF）、有効電力潮流（P）、無効電力潮流（Q）、通電電流（I）、電線温度（T）］
  - 変電所（ノード）［運転停止状態（ON/OFF）、有効電力潮流（P）、無効電力潮流（Q）、母線電圧（V）、位相角（δ）］
  - 中間層（負荷?）［有効電力負荷（P）、無効電力負荷（Q）、母線電圧（V）、位相角（δ）］
- **電力市場関連データ**
  - 市場参加者属性（発電事業者、小売事業者、アグリゲータ、バランシンググループなど）
  - 電力価格
  - 入札カーブ

きているわけではなく、共同研究の中で咀嚼していくためである。

　要望のあったデータは、様々な属性を持つ。空間的には、地点別、アグリゲータ別、市町村別、都道府県別、9電力別といった属性がある。また、時系列であるかどうか、時系列ならば時間分解能はどのくらいかといった、時間的な属性もある。さらに、面なのか線なのか、空間的に移動体なのか固定されたものなのか、データサイズは変わるのかといった時間・空間的な枠組みで整理することの難しい属性もある。それぞれの属性に応じて保持・提供をしなければならない。

　また、残念ながら、データのニーズがあっても、入手することが困難なデータも数多く存在する。実際、電力コラボレーションルームのデータ整備の過程で、データの公開状況や入手の困難さも改めて認識された。

8.1.2　ビックデータ連携を検討するためのシステム構築

　上述のような要件に基づき、電力コラボレーションルームのシステム構築を行った。議論の結果、構築したシステムは以下に示す4つとなった。

　まず、入力データや条件を議論、変更するシステムとして、気象関連のデ

ータベースである「HARPS Forecast」と、気象以外のデータを扱う「HARPS Database」を整備した。次いで、シミュレーションを実行し、結果を可視化・確認する研究者用のシステム「HARPS ACCEPT」と一般公開用の「HARPS OASIS」を構築した。

データに関しては、データ構造が異なるデータをどのように連携させるかが工夫のしどころである。また、シミュレーション実行においては、別々に作られた研究用プログラムをどのように連成実行させるかがポイントであった。

以下では、このように整備された4つのシステムを紹介する。

(1) HARPS Database

HARPS Database は、電力需給および系統運用に関連する公開データのデータベースと、地点や時間で串刺検索を可能にするウェブアプリケーションから構成されている。

保持されているデータには、OCCTO 系統情報公開（OASIS）、JEPX 取引情報、固定価格買取制度（FIT）情報公開用ウェブサイト、法人建物統計（経

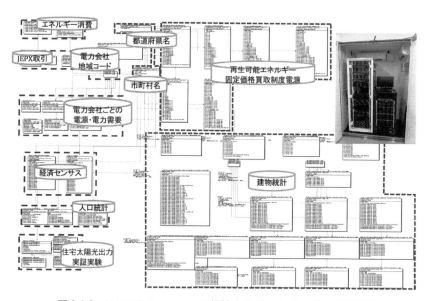

図 8.1.2 HARPS Database の保持するデータテーブルの関係図

様々なデータに時空間的な属性を付与し、リレーショナルデータベースを構成することで効率よく格納・検索できる。

済センサス)、総務省統計局統計で見る都道府県・市区町村の姿(社会・人口統計体系)、住宅別太陽光発電量、需要量・太陽光発電量、住宅別需要量などがあり、リレーショナルデータベースを構成している(**図 8.1.2**)。

(2) HARPS Forecast

HARPS Forecast は、全国の日射量実績・予測のデータベースと、インターフェイスとなるウェブアプリケーションである。気象科学の分野で取り扱うオリジナルの日射量データは、緯度経度で表される点に対応してデータが保持されている。本システムでは、複数の市町村(複数の都道府県をまたいでもよい)を選択すると、その範囲の日射量データを取得することが可能となっている。また、各一般送配電事業者の供給エリアごとの選択も可能となっている(**図 8.1.3**)。例えば、東京電力パワーグリッド社は、首都圏1都6県に加えて、静岡県東部の一部も供給エリアに含んでいるが、このような詳細にも配慮したシステムとなっている。

(3) HARPS ACCEPT

電力系統モデル、電源構成モデル、電力市場モデル、中間層モデルを組み合わせ、各研究者が開発した各種の時空間レベルの制御手法を組み込んだデ

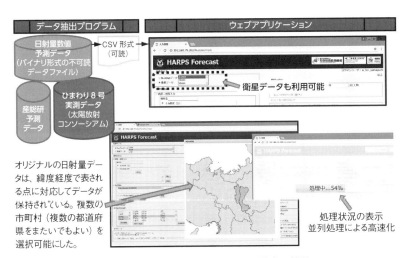

図 8.1.3 HARPS Forecast の構成と機能

HARPS Forecast は、気象科学の分野で取り扱うオリジナルの日射量のデータを可読性の高いデータに変換して利用者に提供することを可能とするシステムである。

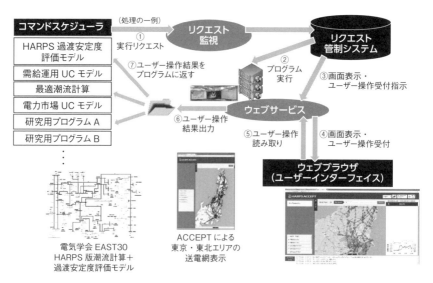

図 8.1.4 HARPS ACCEPT のシステム構成と処理フローの例

本システムでは、ウェブブラウザを操作して研究用プログラムを操作することも可能となる。ただし、どのようなプログラムを連携させるかは研究者同士であらかじめ議論しておく必要がある。

ジタル電力シミュレーションを実行するシステムである（**図 8.1.4**）。

複数の研究用プログラムの実行・データ入出力・表示・操作を「コマンドスケジューラ」、「リクエスト管制システム」、「ウェブブラウザ」が連動して処理する。このシステムに各研究者が開発した研究プログラムを登録し、実行順序を指定して実行し、計算結果を地図やグラフに表示することを可能としている。電力コラボレーションルームに異分野の研究者が集まり、計算機シミュレーションを実行しながら研究ディスカッションをすることが可能となる。

（4）HARPS OASIS

HARPS OASIS は、研究成果や HARPS Database に格納されているデータを地図やグラフに表示し、ウェブサイトとして一般に公開するシステムである（**図 8.1.5**）。日射量予測データ、ひまわり 8 号可視光実績、日射量実績、JEPX 価格・取引量、OCCTO 需要のデータを表示する。現在、研究成果として、日射量の予測値や、太陽光発電システムの市町村別導入量と日射量実績に基づく太陽光発電の出力推定値などを公開している。

第 8 章　ビッグデータと数理モデル連携によるシステム開発

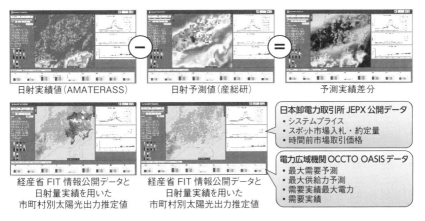

図 8.1.5 HARPS OΛSIS が表示するデータ

太陽光発電を基幹電源化するためには、日射量の予測と実績の両方が重要である。本システムでは、ひまわり 8 号から得られた実績値と本プロジェクトの研究成果である予測値を表示するだけでなく、その差分も地図上に表示することが可能である。

8.2　ビッグデータ・数理モデル連携型プラットフォーム

8.2.1　「データサイエンス」から「クリエイティブ・データサイエンス」へ

　IoT の時代の 1 つの背景としてビッグデータの流れがある。ネットワークの時代に入り、情報通信技術の革新的発展によって、これまで得ることが難しかった非常に大量の実世界でのデータを比較的容易に得ることができるようになったという状況を表している言葉が「ビッグデータ」である。確かに、そうであるかもしれないが、そのことは社会に価値をもたらす本当に欲しい重要なデータがたくさんあるということを必ずしも意味しない。

　例えば、地域や季節によって大きく異なる日射量に関して、非常に限定的なある地域の 8 月のデータをいくら集めたとしても、我々が必要とする異なる季節の情報は得られない。電力の需要データに関しても同様であり、データの量がいくら大きくても、必要とされる多様性が担保されたものでなければ意味がない。また、現状の分析に役立つデータと予測や制御に必要かつ有用と

なるデータとは必ずしも一致しない。もっと言えば、我々の設定する目的（社会的価値）によって必要となる情報は異なり、その必要となる情報の粒度（どれだけの時間単位・空間単位か）も当然異なってくる。例えば、分（時間）単位のスケールの現象に興味があるときに、秒（分）単位の細かな情報は必要ない。むしろ10秒（10分）単位で平均化されたデータの方に価値がある。同様なことが、空間スケールに対しても言える。

すなわち、得られるデータそのものに価値があるのではなく、そのデータが持つ意味（情報）に価値があり、それは目的によって変わるということを明確に意識することが重要である。したがって、与えられた（ビッグ）データをどう処理するか、ということだけを考えていても、社会システムの設計には十分でない。この意味で、データサイエンスが重要で、データサイエンティストを育てなければならないという単なる主張は片手落ちと言える。

そこで、データを価値に変える科学として、「クリエイティブ・データサイエンス（CDS：Creative Data Science）」の重要性を提唱したい。クリエイティブ・データサイエンス（CDS）とは、社会に新しい価値を生み出すデータの取得・補間・再構築に関する科学と定義することにする。現在のデータサイエンスと大きく異なる点は、目的に応じたデータの価値に着目し、目的に整合するデータの多様性や粒度などを学術的に取り扱う点にある。

もう少し、具体的に見てみよう。クリエイティブ・データサイエンスの基本3要素は、①データの取得、②データの補間、③データの再構築、の3つと考える。

①データの取得：「受動」から「能動」へ

どのような情報が必要となるかは「社会的価値」、すなわち予測目的や制御目的、によって変わってくる。したがって、与えられたデータを利用するという「受動的データ取得」から目的に応じて必要となるデータを取りに行くという「能動的データ取得」が重要となってくる。特に、目的に応じた時空間分解能を考慮して、どのように必要なデータを取りに行くかの系統的技術の確立が研究目標となる。

②データの補間：

対象が自然環境・社会システムの場合は、時空間的に限定されたデータしか得られない場合がほとんどである。すなわち、得られるデータは大量

（ビッグデータ？）かもしれないが、我々の目的に照らしたときに十分なデータとは必ずしも言えない。得られていないデータをどう補間するか、が基本的な問いである。しかし、そのデータがどのようなシステムのデータであるかによって、その補間の仕方は異なってくる。対象であるシステムの何らかの事前情報（モデル）との融合が不可欠である。この適切な融合がなければ補間されたデータは意味を持たないデータなので、データとモデルの融合がキーとなる。

③データの再構築：

データの再構築はデータの補間の一種と言えるかもしれないが、それよりも広い概念である。我々が得られるデータは、ある限られた設定条件の下で起きた現象のデータであり、たとえデータ量が大きくても十分な多様性を有しているデータかどうかは疑わしい。社会システムとしての検証を行うためには、様々に起こる条件下での有効性を示す必要がある。そのためには、我々が想定する設定条件で、どのようなことが起きるかのデータを構築し、データセットとして再構築する必要がある。すなわち、持ち合わせているデータから想定する設定条件をカバーするだけの多様なデータセットを作り上げることが「データの再構築」であり、対象の数理モデルなくして実行することはできない。特に、大規模なネットワークシステムの場合、その階層化構造に適したデータとして、どう再構築するか、は非常に挑戦的な研究テーマとなる。

上記のデータの取得・補間・再構築はあくまでも基本機能であり、「価値を生み出すデータへ」というコンセプトを実現するには、それらの技術を個別に高めていくことに加え、それらの連携に着目して深みのある科学として発展させていく必要がある。そこでは、以下のような本質的な問いに対する学術的定義や概念の提案とそれに基づく理論展開、最終的には実システムに適用可能な手法の開発が望まれる。

(ⅰ) 社会的価値に利用できるデータとは？

(ⅱ) 社会的価値に利用できるデータ再構築のために、データとモデルの融合をどう図るか？

(ⅰ) に関しては、データが持つ社会的価値はデータを使用するシステム（対象となる物理システムだけでなく、中間層である予測・制御システムや

市場メカニズムを含むシステム全体）に依存することに注意が必要である。この依存性を含めて、目的に応じた有用なデータの特性を学術的に定義でき、それらに対する何らかの定量的指標が導入できるかがキーとなる。

（ii）の再構築に関しては、データとモデル（物理モデルと社会科学的モデル）の融合による価値あるデータの創出と再構築手法の確立が望まれる。ここでの大きなポイントは、データとモデルは両方とも「不完全」で「不確実」であるという点である。

「不完全」とは、対象全体の情報ではなく、一部分の情報しか表していないことを意味している。これは、社会システムなどの大規模システムを対象とする場合には極めて自然な仮定であり、比較的小規模のシステムを対象とする場合との大きな違いである。一方「不確実」とは、対象とするシステムの挙動はその周りの環境に大きく依存するので、周りの環境の変動による不確実さを必然的に持たざるを得ないことを意味している。特に、自然環境が大きな要因となり得る社会システム設計においては、この不確実性をどのように扱えるかが重要となってくる。

データとモデルの融合という視点では、これらが持つ情報が上記の意味で補完的であればあるほど効果が高いと言える。しかし、それ以上にそれらがいかに融合していくかが大きなポイントとなる。この様子を示したのが図 8.2.1 である。

予測性能の向上を目指すためには、①実データの更新と②予測モデルの更新、の2つが必要であり、予測モデルの更新に寄与するのが学習である。学習の大きな役割は、限定された実データに基づくモデルが限定された状況だけに有効であるだけでなく、目的に沿った形で汎用的に利用できるようにすることである。すなわち、①モデル構造の獲得と②モデルパラメータの修正を行うことにより、モデルの汎化能力を高めていくことが学習の役割であり、目的に応じた多様性の確保につながる。予測のパートでは、学習の結果を受け、逐一更新される実世界からのデータを用いて、予測モデルの更新を行うことになる。この「予測」と「学習」のループが適切に回ることによって、予測性能の向上が実現できる。

この融合がうまく機能するならば、それは単に実システムにおける予測に役立つだけでなく、価値あるデータの創出と再構築手法の確立の基礎となる。

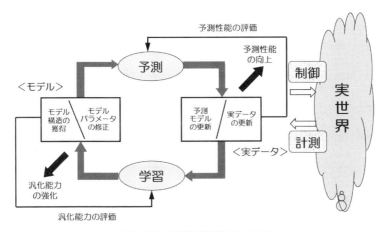

図 8.2.1 予測と学習のサイクル

実データ並びに予測モデルの更新からなる「予測」とモデルの汎化能力の強化を目指す「学習」が適切なループを形成することにより、予測性能の向上を図ることが可能となる。この図は、文献 1) の図 8 をベースに書き換えたものである。

すなわち、学習による予測モデルの更新とデータ再構築の 2 つのプロセスの繰り返しにより、より信頼性の高いデータの再構築が可能となる。

8.2.2 データ再構築の例

データ再構築の具体例として、太陽光発電量データの再構築と需要データの再構築の実施例を以下に示す。

(1) 太陽光発電量データの再構築

ここでは、日射量データから太陽光発電システムの導入容量などの情報を組み合わせて、新しい発電電力量データの再構築を行った実例を紹介する。具体的には、気象衛星ひまわり 8 号を活用して、太陽光発電システムから出力される発電電力量を市町村単位で推定するプロダクトの開発[2] の概要を説明する（**図 8.2.2**）。

太陽放射コンソーシアムでは、ひまわり 8 号から観測されたデータをもとに日射量データ（推定値、AMATERASS データと呼ぶ）を公開している。これは、2.5 分ごとに 1 km メッシュの高時間・空間分解のデータアーカイブである。AMATERASS データは、ひまわり 8 号から観測された輝度温度データ

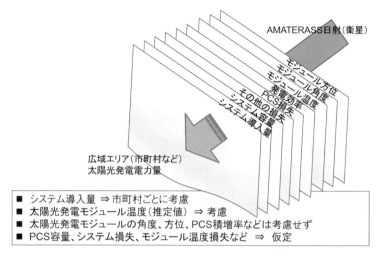

図 8.2.2　太陽光発電量データの再構築

市町村ごとの太陽光発電電力量の推定には、気象衛星ひまわり8号から推定した日射量推定データをもとに、市町村ごとの太陽光発電システムの導入量や気象予報モデルから予測した気温データを加味し太陽光発電モジュール温度の推定値を考慮している。しかし、モジュールの設置角度、向きなどの詳細な情報を1つ1つ取り込むことは個々のデータが集約されていないことから困難であるため、ある程度の簡略過程も入れながら推定を行っている。

をもとに放射伝達方程式とニューラルネットワークを組み合わせた物理モデルをベースとしたアルゴリズムから作成されたデータである。

このデータをもとに、市町村ごとに太陽光発電システムの導入量を加味し、地域ごとの太陽光発電システムの出力推定値を算出することが可能である。計算過程には、太陽光発電システムの出力は温度依存性、太陽光発電システムの設備情報（システムの向き、容量、傾き、変換効率、パワーコンディショナの容量など）が必要であるが、詳細な情報が得られていない部分についてはいくつかの仮定をおいている。

これにより、太陽光発電システムの発電電力量や日射量のモニタリングができていない地域での発電電力量を、宇宙からのモニタリングの結果を用いて推定し、補間的な情報として用いることが可能となる。将来的には、短時間予測データの創出などにも応用が期待される。

（2）需要データの再構築

個々の需要家の電力需要は生活パターンや行動、気候や地域性などに依存

する多様性を持ったデータとして取り扱う必要がある。しかし、実際に得られるデータは、プライバシーへの配慮などにより匿名化がなされるなど限定的なものが多い。

機械学習や大規模な最適化を行う際のデータは、実際のデータが持つ多様性を保持している必要があり、単純に同じデータセットのコピーを作成しても意味をなさない。住宅用太陽光発電システムのデータを扱う際には、発電と需要の両方を用意する必要がある。また、太陽光発電システムの発電電力は発電設備の構成と日射量・気温といった気象条件に依存する。このうち、気温は電力需要への影響も大きいことから、これらは整合性をもってデータセットの中で取り扱われる必要がある。

エネルギーマネジメントでは、前日の計画、当日の運用・制御の両方を考慮する必要があるため、予測値と実測値相当の値があることが望ましい。そこで、個々の需要家の1分値から集約された需要家群の1時間値といった、異なる時間粒度、時間間隔のデータセットを用意することで、計算量の発散を防ぐことが可能となる。

文献3)では、元データとしてNEDOにより取得された群馬県太田市の実際の住宅540軒程度の実測負荷と住宅用太陽光発電システムの発電量データをもとに、以下のように現実の多様性を有した大規模計算用のデータセットを作成している。その概要は図8.2.3に示すとおりで、個々の内容について以下簡単に説明する。

- 住宅負荷については集約された負荷を用いて、時刻ごとに気温に応答する成分とベース負荷に相当する成分に分割し、その特徴をモデル化する。
- 気温に応答する負荷については、作成したモデルに基づいて、異なる期間や地域の実際の気温を用いて各地点の負荷を作成する。これにより、気温と需要の関係を保存し、地点ごとの気温の違いという多様性を有したデータを作成する。
- 気温に基づいて作成した集約された需要が実際の状況と適合するように、元のデータが持つ500軒規模の多様性を保存したまま、個々の需要データを合計値が合うように調整する。
- 次に、住宅負荷を作成した同日・同地点における日射量と気温を用いて実際のデータセットから類似日を選出する。この類似日の集約された発

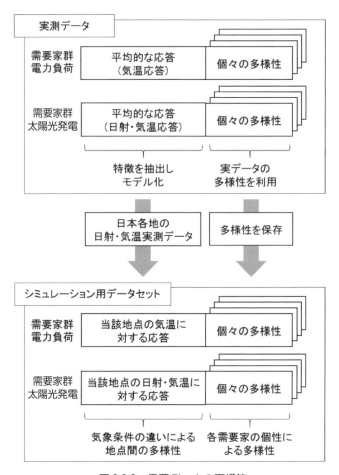

図 8.2.3　需要データの再構築

機械学習による予測や大規模な最適化計算に用いるデータセットとして、限られた実測データのモデル化と多様性の保存を行い、日本全国の地点間の気象条件による多様性を付加し、個別需要家が持つ多様性を有したデータセットを作成。

電データを、データ作成対象地点の日射量・気温により補正し、実際の気象条件に相関のある発電量データを作成する。
- 住宅ごとの太陽光発電は元のデータセットが持つ多様性を保持したまま、合計が合うように調整して利用する。
- 類似日の選択を地点ごとに行うことで、太陽光発電における地点間の気

象条件の多様性を、個々の太陽光発電の多様性まで含めて維持する。

以上の方法で作成した2年分の需要データについて、初めの1年で機械学習を行い、2年目のデータに予測値を付加している。太陽光発電については日射・気温の予測値を用いて集約された太陽光発電の予測値および個々の太陽光発電システムの発電予測値を作成している[4]、[5]。

8.2.3　社会システムの開発・構築・検証に向けたプラットフォーム

これまでは、クリエイティブ・データサイエンスそのものに注目し、その基本機能であるデータの取得・補間・再構築とそれらの連携について述べてきた。このような新しいデータに関する科学技術を、どのように社会システム設計に生かしていくかが重要である。それを実現するためには、社会システムの開発・構築・検証に向けたプラットフォームを構築する必要がある。8.1節で説明した電力コラボレーションルームは、その1つの試行とみなすことができる。ここでは、それを参考に、このようなプラットフォームがどのような構成であるべきかについて、その概要を紹介することにする。

プラットフォーム構築の際にポイントとなるのは、「再構築されたデータとシステム設計との融合をどう図るか？」であり、「データの獲得→データの再構築→モデルの更新→制御システム設計」のサイクルの確立が必要となる。ここでも、AI・学習技術が重要な役割を果たすと思われるが、データも数理モデルも共に「実世界の部分情報で不確実な情報」であるという立場を認識し、実世界をきちんと取り込んだ新しい展開が必要となる。

このサイクルのイメージを**図 8.2.4** に示す。同図において、サイバー世界は、「計測：実データの獲得→実世界の現状認識」、「予測：モデル更新→実世界の将来予測」、「制御：意思決定→実世界への働きかけ」の3つの機能で構成されているが、重要なポイントは2つのフィードバックループである。

データの再構築においては、獲得される実データに加えて数理モデルの更新が必要であることは、既に述べたとおりである。一方、どのようなデータを獲得すべきかという情報は予測機能の結果が反映されるべきで、計測と予測の間にフィードバックループが構成される。もう1つのフィードバックループは、予測と制御の間に存在する。制御の役割は、目的に応じた望みの状態に近づけることであるので、制御が機能するならば実際に起こる現象の可

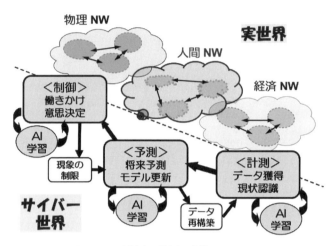

図 8.2.4 計測・予測・制御のサイクル

「計測：実データの獲得→実世界の現状認識」、「予測：モデル更新→実世界の将来予測」、「制御：意思決定→実世界への働きかけ」の 3 つの機能の連携には、①予測から計測へのデータ再構築というプロセスと②制御から予測への現象の制限、という 2 つのフィードバックループが重要である。

能性を狭めることになる。この制御の機能を有効に利用するならば、予測に用いるモデルの適用範囲を狭めることが可能となり、予測精度の向上が期待できる。この 2 つのループを含めたサイクルの確立が大きな課題である。

上記の考察を踏まえ、システム開発・構築・検証のためのプラットフォームの構成について考えてみよう。**図 8.2.5** が提案する構成である。プラットフォームは大きく、①データベース、②予測機能、③制御系設計機能の 3 つから構成される。これらに加え、シミュレータによる検証システム（プラットフォーム内での相互関係・相互連携の検証）と、自然環境並びに社会環境の評価（実システムの現象としての評価）の機能を有している。

データベースは、物理ネットワークからの運用データ、人間ネットワークからの需要データ、経済ネットワークからの市場データ、に加え、それらを取り巻く自然環境のデータと社会環境のデータから構成される。各々のデータは、固定的な基礎データに加え、時々刻々変化する時系列データの性質が異なる 2 種類のデータからなる。このデータベースは、単に実システムから得られるデータだけではなく、データ再構築のプロセスで適宜創出されるデ

第 8 章　ビッグデータと数理モデル連携によるシステム開発

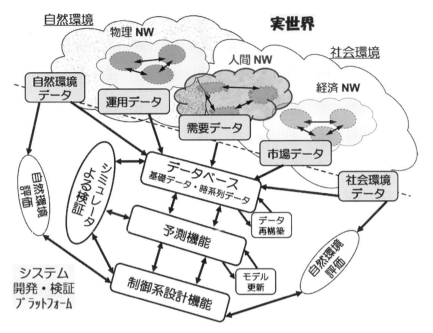

図 8.2.5　システム開発・構築・検証のためのプラットフォーム

プラットフォームは、①データベース、②予測機能、③制御系設計機能の 3 つの基本機能と、シミュレータによる検証システムと、実システムでの自然環境並びに社会環境の評価の機能を有している。

ータも含んでいる。

　予測機能は、データベースの諸データを活用し、学習機能を最大限生かした予測モデルの更新と併せて、実システムの将来予測性能の向上を目指す。その検証は、順次更新されるデータベース内の時系列データを用いて行われる。それとともに、予測モデルと予測結果は制御系設計に利用され、制御系の更新に応じて予測の変更も行う。

　制御系設計機能は、予測機能が生成する将来予測値と予測モデルを用いて、制御系設計を行う。その結果は、シミュレータによるモデル上での検証に使われる。それに加え、実システムに適用し、自然環境並びに社会環境としての評価と連携する。

参考文献

1) 原 辰次:ロバスト制御理論の回顧と展望、計測と制御、40-1、63/69(2001)
2) H. Ohtake, F. Uno, T. Oozeki, Y. Yamada, H. Takenaka, T. Y. Nakajima : Estimation of satellite-derived regional photovoltaic power generation using a satellite-estimated solar radiation data, Energy Science & Engineering, 6, 570/583 (2018)
3) E. Arai and Y. Ueda : Development of simple estimation model for aggregated residential load by using temperature data in multi-region" 4th International Conference on Renewable Energy Research and Applications, (ICRERA-2015), 772/776 (2015)
4) 藤尾、植田:ニューラルネットワークを用いた翌日住宅地域負荷予測モデルの開発、平成28年電気学会全国大会講演論文集、6、176/177(2016)
5) 藤田、植田:HEMSにおける個別住宅の行動パターン分析に基づく翌日需要電力量の予測手法、平成30年電気学会全国大会講演論文集、6、194/195(2018)

第 9 章

調和型電力システムから Society 5.0 へ

　これまでは電力システムについて論じてきたが、本章では、社会システム全般に対象を広げて、そのあるべき姿を実現するためのシステム論的アプローチを、IoT/AI と予測・制御の融合という観点から展開してみる。また、異なる社会システムの融合の一例として、電力システムと都市交通システムの融合について述べる。

9.1 不確かな実世界での IoT/AI：予測・制御との融合

9.1.1 不確かで多様な価値を持つ社会システム

　2016 年 4 月から施行されている「第 5 期科学技術基本計画」においては、「必要なもの・サービスを、必要な人に、必要な時に、必要なだけ提供し、社会の様々なニーズにきめ細かに対応でき、あらゆる人が質の高いサービスを受けられ、年齢、性別、地域、言語といった様々な違いを乗り越え、活き活きと快適に暮らすことのできる社会」を「超スマート社会」と呼び、その実現を目標に掲げている。また、第 4 次産業革命とも言われているドイツ提唱の Industrie 4.0 を超える概念として「Society 5.0」を位置づけている。

　Society 5.0 は、これからの科学技術の役割は、単に既存分野の延長上での革新を求めるのではなく、環境・エネルギー・医療・食糧・災害といった地球規模の社会的課題解決への本質的な貢献が求められていることを意味している。まさに、社会（ソサイエティ）に対する新しい価値の創出とその実現こそが、これからの科学技術に求められているということである。

　Society 5.0 が標榜している超スマート社会を実現するためには、環境・エ

ネルギー・交通といった個別の課題を単独で考えるのではなく、様々な課題を複合的かつ総合的に解決する必要がある．それらは、互いに関連しているからである。例えば、エネルギー問題を考えるときに、火力発電がもたらす環境負荷（CO_2 排出量）を無視することはできない。また、電気自動車の導入は環境負荷と直接的に関係するだけでなく、スマート交通システム構築の重要な要素であることは間違いない。さらに、それに必要となる蓄電池の有効利用により電力ネットワークシステムの改善に役立つ可能性を秘めている。すなわち、再生可能エネルギーの導入による変動抑制の1つの重要なパーツとして電気自動車を考えることは可能であり、一つ一つの蓄電容量は小さいかもしれないが、移動可能な蓄電要素としての付加価値を有している。

このように考えていくと、SDGs（Sustainable Developement Goals）として提唱されている地球規模の様々な課題や目標は、単独で考えるだけでは十分でないことがわかってくる。また、これらは人間の営みのもととなる社会インフラの構築を複合的かつ総合的視点で統合的に行うことの必要性を示唆している。さらに、個別製品の性能向上や新しい機能追加を追求してきたこれまでの科学技術の方向性とは異なる以下の2つの視点が重要であることに気づく。①再生可能エネルギーの導入に見られるように多くの問題が自然環境と深く関係している。したがって、自然が持つ不確かさをどのように扱うか、さらには自然をどう生かしていくかが重要なポイントとなる。②個人としてではなく、人間社会にどのような価値をもたらすかの視点が重要である。したがって、環境への影響や安全への配慮も含め長期的な観点での検討が不可欠で、最終的には「社会との合意」のプロセスも必要となる。

文献1）、2）では、このような社会システム設計に向けたパラダイムシフトの必要性を**表9.1.1**のようにまとめている。

表9.1.1 社会システム設計に向けたパラダイムシフト

対　象	人工物システム	自然・社会・人間の複合システム
空　間	閉空間	開空間（開放環境系）
階層性	単一階層	多階層（異種相互作用系）
評　価	局所的・短期的	大域的・長期的（調和・持続性）
価　値	客観評価	社会との合意である主観評価

第 9 章 調和型電力システムから Society 5.0 へ

　すなわち、我々が対象とするシステムは、閉空間（人工物システム）から開空間（自然・社会・人間からなる複合システム）へ、また一様システム（単一階層システム）から多様システム（多階層システム）へ、と変化している。システムの評価に関しては、比較的局所的（時間的にも空間的にも）な視野で、システムの様々な変動や環境の不確かさに対して頑健であるという「ロバスト性」では十分ではない。従来のロバスト性の概念を超えて安全（既定した空間内の客観評価）、安心・リスク（社会との合意である主観評価）、持続性（大域的・長期的な評価）などに軸足を移した新しい概念に基づく評価へと変えていく必要がある。

　持続性に関しては、大域的・長期的な予測技術の確立とそれに基づく新しい制御システムの構築が望まれるが、近年著しい発展を遂げてきている学習や AI との融合が必要不可欠と言える。一方、社会システムとしての合意形成（価値の共有）をどう達成していくかは、まさに自然科学と社会科学との連携・融合が必要となる課題である。

　文献 1)、2) では、まとめとして、以下の 3 つの特徴を持つシステム理論の構築が重要であると述べている。

- 異なる性質を持つ複数の要素やサブシステムが相互に作用し合う「異種相互作用系」
- 開かれた環境において不完全な情報の下で機能する「開放環境系」
- 多様で状況依存の価値を認める「多様価値系」。

これらの 3 つの特徴は、第 1 章で述べた「太陽光発電のスマート基幹電源化」に要求される 4 つの性質の内、①需給バランス維持と安定な電力供給（需給バランス・安定性）、という最も基本的な要請のもとで以下のように対応している。②多様価値系：電力系統全体の価値と個々のユーザーの価値の共最適性（多価値共最適性）、③異種相互作用系：発電予測の下でのリスク管理やセキュリティ・事故時対応（調和的ロバスト性）、④開放環境系：外的要因によるシステムの変化・進化に対するフレキシビリティやレトロフィッティング（オープン適応性）。

　この「多価値共最適性」、「調和的ロバスト性」、「オープン適応性」の 3 つの性質のもとは、形容詞の付かない「最適性」、「ロバスト性」、「適応性」の 3 つの性質である。この 3 つは、これまでシステム設計の評価指標として広く

表 9.1.2　システム設計における評価指標

評価指標	環境	環境の情報	環境の予測
最適性	固定	完全に既知	予測可能
ロバスト性	固定	部分的に既知	部分的に予測可能
適応性	変化	部分的に既知	予測困難

使われてきたが、それぞれ表9.1.2に示すように、対象となるシステムが置かれた環境に関する情報の違いによるところが大きい。

　環境に変動がなく、環境に関する知識が完全であるならば、環境のことは気にせずに、目的を達成する最適な方策を目指せばよい。これが最適性を評価とするケースである。たとえ環境に変化はなくとも、環境に関する知識が完全でないならば、その不確かさを考慮したシステム設計が必要となる。これが、ロバスト性を評価とする理由であり、我々が入手可能な環境の部分情報の範囲内で、最悪ケースを想定してシステム設計を行う必要がある。一方、環境が変化する場合は、環境の予測も難しくなり、何らかの適応的な対応が必要である。これが、適応性を評価とするシステム設計の必要性を生んでいる。

　このことを念頭に、②多様価値系：多価値共最適性、③異種相互作用系：調和的ロバスト性、④開放環境系：オープン適応性、の関係を少し具体的に考えてみよう。

　まず「多様価値系」である。最も典型的な例は既に述べたように、社会的価値（場合によっては地球規模に及ぶ社会全体の価値）と個人の価値（個々の効用関数）とのバランスをどのように取るかである。このバランスをどう実現するかが「多価値共最適化」であり、最終的には社会全体の合意の実現に向かっていくことになる。

　次に「異種相互作用系」である。様々なタイプの複数のシステムが相互作用を行っている系では、自分以外のシステムの不確実さや変動に関する情報は部分的かつ不完全にならざるを得ない。このような状況において、最悪ケースを想定した従来のロバスト制御を適用すると、正常時の性能を高めることは一般に難しい。そこで、何らかの形でリスクを加味したシステム設計が必要となってくる。その1つが、最悪ケースと信頼度の2つを評価とし、それ

らの調和を図る方法である。これがシステムの「調和的ロバスト化」である。

最後に「開放環境系」である。再生可能エネルギーの積極的利用には、自然環境の把握が重要になってくる。しかし、人工物システムと異なり、自然環境は開かれており、我々が得られる情報は非常に限定的で、かつ信頼度も高くはない。そこで、予測・制御システムには、自然環境の変化に適応していく何らかの機能が必要であり、これがオープン適応性である。このオープン適応性は、社会環境の大きな変化（例えば、環境負荷に対する世界的規模での認識変化など）も視野に入れておくことが重要である。

文献3）では、システムの評価指標の変化として、「最適性→ロバスト性→適関係性」という流れを説明している。最後の「適関係性」は相互作用の関係が適正であるという意味で、まさに中間層が持つ性質としてふさわしい評価指標と考えられる。文献3）においても、その具体的指標の候補として、親和力、相互補完性・相互補償性、協調的適応性、などを挙げている。これからの課題の1つとして、中間層の性質や求められる機能に適した新しい概念の導入が求められていると言えよう。

9.1.2　予測・制御から見るIoT

ここでは、2.3.2「IoTをシステムの視点で見ると」で述べてきたことを、システム設計の視点で、より詳しく説明する。

(1) CPSからIoTへ

Industrie 4.0では、Cyber-Physical Systems（CPS）をその基礎に位置付けている。CPSは、2006年のNSF（アメリカ国立科学財団）ワークショップにおいて、E. A. Leeが提唱した[4]のが始まりで、その後世界的に大きな広がりとなって発展してきた。しかし残念なことに、情報世界（Cyber World）に軸足を置く情報科学を専門とする研究者集団と物理世界（Physical World）に軸足を置く主として制御工学を専門とする研究集団のアプローチは大きく異なり、必ずしも有機的な形で融合することは少なかった。どちらのサイドの研究者も、自分のサイドのシステムに焦点を置き、逆サイドのシステム（情報の研究者から見た実システム、制御の研究者から見た情報システム）が持つ本質的な性質を十分捉えることがなされていなかったことが1つの大きな要因である。

Internet of Things（IoT）はCPSの流れを汲むものである。しかし、オリ

ジナルな CPS では、その対象である物理世界は単一のモノあるいは比較的小規模システムを想定していた。これに対して IoT では、対象となる物理世界（すなわち、実世界）は大規模複雑で、非常に多くのモノや人が何らかの形で相互作用をしている（すなわち、ネットワーク化されている）状況を想定している。2.3 節の図 2.3.1 で示したように、IoT をネットワーク化された CPS と捉えるならば、情報世界（情報ネットワーク）と物理世界（物理ネットワーク）の関係は CPS と同じとなる。

すなわち、①物理世界→情報世界：物理世界にあるモノ・人のネットワークやそれらが置かれている環境の状態を様々なセンサを通して得る（センシング）、②情報世界：情報世界においては、以下の 3 つの処理が実行される。（ⅰ）得られた情報（通常は部分的な情報であり、かつノイズで汚された不確かさを含む情報）に基づいて実世界の現状を認識し、（ⅱ）対象システムの数理モデルや過去のデータに基づいて将来の状態を予測し、（ⅲ）実世界が望みの状態に近づくような制御方策を決定する（意思決定）。この「認識」、「予測」、「意思決定」のプロセスでは、学習・最適化といった様々な先端的なアルゴリズムが適用される。まさに、AI（人工知能）を含む先端情報科学技術が貢献する場である。③情報世界→物理世界：たとえ最高の認識・予測・意思決定がなされたとしても、それに基づいた実世界への働き（アクチュエーション）がなければ、実世界は何も変わらない。すなわち、社会に価値を与えることにはならない。したがって、実世界への具体的な働きこそ重要である。

これらの 3 つのプロセスを独立に説明してきたが、これらはループを構成していることに気づかなければならない。実世界への具体的な働きを行うと、実世界に変化が起こる。その変化をセンサなどで捉えると、それが新たな「認識・予測・意思決定」のプロセスを励起し、新たな実世界への働きを生む。まさに、E. A. Lee が CPS の定義で述べた Feedback loop の存在である。この「実世界」→（センシング）→「情報世界（認識・予測・意思決定）」→（アクチュエーション）→「実世界」というフィードバックループの存在は非常に重要で、これなくして実世界に新しい価値を与えることはできない。

一方、このフィードバックループの存在は、個々のプロセスでの最適化が必ずしも全体の最適化を意味しないだけでなく、場合によっては全体のシステムを不安定にする可能性を秘めており、注意が必要である。このことが、

これらを統一的に取り扱うシステム設計の枠組みの必要性と、その枠組みでのシステム理論の構築、さらには系統的なシステム設計手法の確立が望まれるゆえんである。Society 5.0 の実現に向けては、社会が要請する様々な価値を総合的に捉えて、それを達成する新しい機能を生み出すシステム設計とその構築・実証が望まれている。

(2) 予測・制御の視点からの IoT

文献 5) では、情報科学技術という立場で、IoT を「モノの変容」という視点で考察している。様々な物質の特性を最大限利用することにより望みの機能を実現していたのが第 1 世代である。それにソフトウェアを加えることによって、新たな機能の追加を追求する第 2 世代に変わってきた。電力システムで考えれば、発電効率に主に着目して効率の良い発電機の開発を行っていた時代が第 1 世代で、発電機につながるその他の要素を含めて制御システムによって高性能化やロバスト性を高めていたのが第 2 世代である。

IoT の時代の現在、様々な種類のモノや人がネットワークを通して相互作用を行うことに焦点を当てている点が本質的に異なる。ネットワークによる様々な相互作用が新しい価値を創出する可能性を持っている反面、それらの相互作用を正しく発揮させるためのメカニズム（予測・制御システム）が重要となってきている。

電力システムはもともと送配電線を通して連結されているネットワークシステムであったので、ある意味で IoT に近い状況であった。しかし、基本的には、発電側（供給サイド）から消費者側（需要サイド）へ向かうツリー構造のネットワークであったためフィードバックループは存在しなかった。したがって、例えば潮流計算もローカルに行うことが可能で、全体システムの制御も比較的簡単な方法で実現できた。再生可能エネルギーの導入で、この様子は一変してきた。すなわち、ネットワークはもはやツリー構造ではなく、まさに様々なループが存在するようになってきた。このループは、物理的なものであるため、保存則などの物理法則に沿う形であらゆるポイントでバランスを取ることが要求されることになる。

このように、IoT の時代のシステム設計には、新しい考えが必要となる。以下、文献 2) に従って、IoT への流れを予測と制御の視点で整理して考えてみよう。基本的な流れは、2.3.2 項の図 2.3.2 を用いての説明と同じであるが、

それを更に深化させたものとして理解していただきたい。

情報の視点で「ソフト＋ハード」と捉えた第2世代を制御の視点で見ると、ハードウェアが制御すべき対象で、ソフトウェアが制御システムに対応する。それを実現する上では、実世界の情報を獲得するための「センシング」と適切な判断に基づいて具体的に実世界にあるモノに働きかけをする「アクチュエーション」が必要となってくる。

このように、制御の対象となる実世界と情報世界において実現される制御システムとを結ぶセンシングとアクチュエーションの2つの機能が存在していることに注意すべきである。これに加えて、これらが「フィードバック構造」を持っていることが非常に重要である。このフィードバックループが適切に動作することによって、望みの機能の実現が可能となる。これからのシステムでは、センシング・制御・アクチュエーションの各機能は、AI/学習のツールを使って、よりスマートになっていくことが期待される。そこで、このような構造を「知能化フィードバック構造」と呼ぶことにする（**図9.1.1**）。

次に、ネットワーク化されたCPSとして捉えたIoTを制御システムの視点で見てみよう。モノ・人が物理的に相互作用をしている部分を「物理ネットワーク」として捉え、センシングからアクチュエーションに至る全ての機能を「情報ネットワーク」として捉えるのが、ネットワーク化されたCPSの

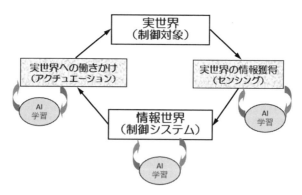

図9.1.1　知能化フィードバック構造

IoTで重要となる3つのシステムの性質の1つ目は、それぞれが先端のAI/学習技術で知能化された「センシング」、「制御システム」、「アクチュエーション」から構成されるサイバー世界と様々なモノ・人から構成される実世界とが「フィードバック構造」を成していることである。

単純な捉え方である。

既に2.3節の図2.3.1で示したように、この情報ネットワークの部分は、大きく「計測：実世界の情報獲得＋現状認識」、「予測：将来状態の予測と学習ループ」、「制御：意思決定＋実世界への働きかけ」の3つの機能から構成されている。これらのいずれもが実世界のネットワーク構造に依存してそれぞれネットワーク化されていると考えられるので、制御システムの視点での「ネットワーク化されたCPS」は、**図9.1.2**のように理解することが自然と言える。

ここで最も注意すべき点は、それらが実世界に対応する物理ネットワークと「フィードバックループ」を構成している点であり、このフィードバックループの存在をきちんと意識したネットワーク化システム設計が不可欠である。また、実世界が非常に大規模であるので、いかに制御にとって有用となる情報を獲得するか、いかに実世界に適切なアクションを行うか、も重要となってくる。

このように、様々なモノ・人などの多様なネットワーク（物理ネットワーク・人間ネットワーク・経済ネットワーク）から構成される実世界と、計測・予測・制御の機能がネットワーク化されたサイバー世界が連携したシステムは、ハイブリッド構造を持つネットワークシステムとして捉えられる。特に、実世界のネ

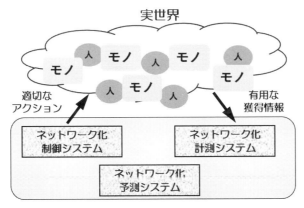

図9.1.2 Cyber xyz Network System（CxyzNS）

IoTで重要となる3つのシステムの性質の2つ目は、計測・予測・制御の機能がネットワーク化されて連携したサイバー空間と、様々なモノ・人のネットワーク（物理ネットワーク・人間ネットワーク・経済ネットワーク）で構成されるハイブリッド構造である。対象に応じてxyzに適切なシンボルを当てはめて定義することを想定している。

ットワークの属性を明示的に表現する際は CPHNS（Cyber Physical Human Network System）などの表現をすることにする。一般には、CxyzNS と表現でき、対象の属性に応じて xyz に適切なシンボルを当てはめて定義することを想定している。

社会システムなどの大規模で複雑な対象に対するシステム設計において、忘れてはいけないもう1つの重要な性質がある。それは、「階層構造」である。例えば、スマートコミュニティの構想では、3階層の構造がしばしば用いられている。最下層は、単体のビルを対象とする BEMS（Building Energy Management System）や家屋を対象とする HEMS（Home Energy Management System）など、比較的空間的に狭くて、短時間の挙動を対象としたシステムの集合である。一方、中間層は、それらが複数個集まって構成されるビル群や住宅群などの集まりで構成されており、おのおののグループが何らかの用途を持っている点で、独立なビルや家屋で構成されている下位層とは異なっている。最上位層は、CEMS（Community Energy Management System）と呼ばれ、地域全体を対象としている。そこでは、何時間・何日といった長時間の時間スケールでの安定かつ効率的な電力供給が求められている。

このように、各階層ごとに時間および空間のスケールが異なる階層化ネットワークシステムを対象としている点が3つ目のポイントである。そこで 2.3 節では、System of Systems（SoS）の概念の重要性を指摘した。一方、第3章では、SoS を縦の階層構造と認識し、物理層、予測・制御層、市場層、価値層という異なる種類の階層化システム（SoS）が横に連携した「縦横階層構造」を導入した。これが、本書で提案している「次々世代電力システム」のあるべき構造である。このことを普遍化すると、**図 9.1.3** に示すような「2 重階層構造（D-SoS）」というシステム構造を対象としたシステム設計が求められることになる。

以上まとめると、システム制御の視点での社会システムの見方でキーとなるのは、以下の3つのシステム構造である。(1) 知能化フィードバック構造（Intelligent Feedback System：IFS）、(2) 物理・情報2重ネットワーク構造（Cyber xyz Network System：CxyzNS）、(3) 2 重階層構造（Double System of Systems：D-SoS）。

第9章 調和型電力システムから Society 5.0 へ

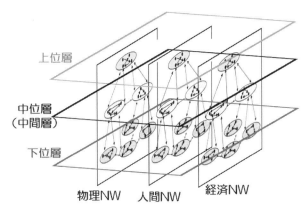

図 9.1.3　2 重階層構造（D-SoS）

IoT で重要となる 3 つ目の性質は、縦横の 2 重の階層構造からなる階層化システムである。縦方向の階層化を System of Systems（SoS）と理解し、横方向を異なる種類（物理ネットワーク・人間ネットワーク・経済ネットワーク）の連携と捉えると、この縦横階層構造は「Double SoS」として理解することができる。

9.1.3　グローカル制御

（1）「グローカル制御」とは？

　上記の3つのシステムの性質を意識した制御システムの提案の1つとして「グローカル制御」がある[6]〜[8]。「グローカル制御」とは、ローカルな計測と制御でグローバルな望みの状態を実現することである（**図 9.1.4**）。そのためには、局所的な計測に基づいて大域的な状態を予測し、その予測を利用して適切に局所的な制御を行う必要があり、その実現に向けた新しい枠組みのキーとして「多分解能階層化動的システム」が提案されている。

　その主な特徴は、以下の2点である。①階層ごとに異なる時空間スケール、すなわち上位層（下位層）ほど粗い（細かい）分解能を有する、②各階層はそれぞれが異なる目的関数を有している。

　例えば、電力システムは明らかに階層的なネットワークになっており、各階層ごとに時間スケールや空間スケールは異なっている。また、（i）グリッド全体の需給バランスを経済的かつ環境に優しく（CO_2 排出削減など）という大域的な目的と、（ii）各消費者が各々の消費電力を最小化するという局所的な目的を同時に達成する必要がある。これらの目的は互いにコンフリクトする

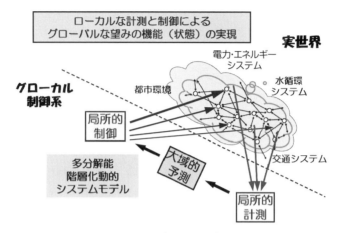

図 9.1.4　グローカル制御

大規模で複雑なシステムを対象とする制御においては、計測と制御のアクションが局所的に限定される状況が多く見られる。そこで、局所的な計測に基づいて大域的な状態を予測し、その予測を利用して適切に局所的な制御を行い、大域的な望みの状態を実現することが期待される。この実現を目指すのが「グローカル制御」で、その新しい枠組みのキーとして「多分解能階層化動的システム」が提案されている。

可能性はあるが、時空間のスケールの違いを考慮し、両者の間を適切な関係に設定するための機能が設計できれば、両者の目的をそれなりに達成する解を見つける可能性が出てくる。

（2）グローカル制御系の基本的な枠組み

以下では、グローカル制御系の基本的な枠組みについて、もう少し具体的に見ていこう。

大規模動的ネットワークシステムに対して、分解能が異なる大域的な制御目的と局所的な制御目的を同時に達成するために、その制御系の状態を分解能に応じて階層化し、分解能ごとに階層化された分散制御器を設計することを考える。ここで分解能とは、時間や空間だけでなく、一般には周波数やレベル（状態値の量子化など）での分解能もその対象として考えてよい。

このような階層構造を持つ制御システムの具体例の1つとして、電力システムを考えることができる。いま、局所入力／出力として、それぞれ各消費者に備えられた蓄電池の蓄電量／各消費者の消費電力（受電点電力）と設定し、大域入力／出力としては、それぞれ供給側からの供給電力／グリッド全体の

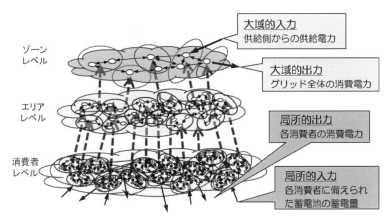

図 9.1.5　電力システムの階層性

電力システムは、ゾーンレベル、エリアレベル、消費者レベルの3階層の階層化システムとして捉えられる。各々の層は時空間スケールは異なるばかりでなく、それぞれの層が入力と出力を有している。

消費電力を考えることにする。このとき、グリッド全体の需給バランスを経済性かつ環境性（CO_2排出削減）を高めて実現するという大域的な（空間分解能が低い）目的と、各消費者の消費電力（受電点電力）を最小化するという局所的な（空間分解能が高い）目的を同時に達成することを目指すとする。そこで、**図 9.1.5** に示すように、消費者ごとの電力需要モデル（消費者モデル）、そしてそれが数多く空間的に集まった配電エリアの電力需要モデル、さらには全ての配電エリアが集まったグリッド全体の電力需要モデルで構成される3階層モデルを考えることにする。すなわち、消費者側からグリッド全体まで、高空間分解能から低空間分解能まで階層化した「多分解能階層化動的システム」としてモデル化することが可能となる。

上記のような状況を踏まえ、グローカル制御では、以下の性質を有する階層化動的システムをモデルとして考えている。①階層ごとに異なる時空間スケールを持っている、②各階層には各々環境（自然環境等）との相互作用がある、③各階層は各々の時空間スケールに応じた目的関数（評価関数）がある。

（3）グローカル制御システムの構成

先に述べたグローカル制御の階層化モデルに基づいて、グローカル制御システムの構成を考えてみよう。グローカル制御の1つの基本方針は、上位層

は下位層に対して可能な限りの自由度を与えることである。下位層の自由度を完全になくすことは、集中制御につながるからである。すなわち、大域的・長期的な評価指標を持つ上位層では、それを完全に最適化するのではなく、その目的で許容される範囲内の状態を保つことに特化し、下位層に対しては柔らかい制約だけを課す。このことによって、局所的な環境変化に強く、また個々のレベルでの効用関数を高めることが可能となる。したがって、グローカル制御の基本は階層化分散制御であり、個々の階層での独立な予測器や制御器を設定する。各階層はその時空間スケールの違いに応じて、以下のような制御の考え方を中心とした制御方式が望まれる。

- 上位層はI（積分）制御：長期的・大域的な安定（持続性）を追求
- 中間層はP（比例）制御：全体のバランス・性能向上
- 下位層はD（微分）制御：短期的・局所的な変化に対応

ただし、これだけでは当然不十分で、階層間の物理量の制約関係（保存則など）を満たす必要があることと、階層ごとに異なる目的関数の調整を図る必要があること、の2つの目的ための機能として「グローカルアダプタ」を導入している。

図9.1.6は多分解能センサ、グローカル予測器、グローカル制御器（グローカルアダプタ＋多分解能分散制御器）の4つの要素からなるグローカル制御システムの構成をブロック線図を用いて示している。

以下、「グローカル予測器」、「グローカルアダプタ」と「グローカル制御器」について、少し詳しく説明することにする。

〈グローカル予測器〉

グローカル予測器は多分解化された計測信号に基づいて、系全体の振る舞いをおのおのの目的の分解能に応じて予測する。図9.1.6で示されているように、同じ分解能の階層レベルだけでなく、高分解能の局所計測を用いて低分解能の大域予測（集約化信号の予測）を実施し、その後、低分解能の大域予測を用いて高分解能の局所予測へと高分解能化していく。

例えば、ウィンドファームの風力予測を考える。数値予報モデルなどを用いた気象予測データは高々2 km四方程度の分解能でしか風力値を予測できない。一方で、ウィンドファームの複数の局所センサによる風力計測は可能である。そこで、気象予測による低空間分解能の風力予測値を2 km四方内の高空間

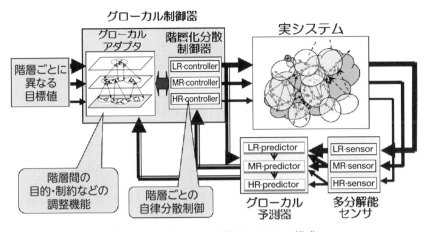

図9.1.6　グローカル制御システムの構成

グローカル制御システムは、多分解能センサ、グローカル予測器、グローカル制御器（グローカルアダプタ＋多分解能分散制御器）の4つの要素からなる。最も重要な要素はグローカルアダプタで、階層間の調整の役割を果たす。

分解能の境界条件として利用することを考える。すなわち、その四方内の更に小さなエリアでの空間的に平均化された風力予測値を、そのエリア内に複数設置された局所センサによる風力データを用いて、例えばカルマンフィルタのような予測器や時系列解析によって求める。これが、グローカル予測器の具体例の1つである。

〈グローカルアダプタ〉

グローカル制御系の中心である「グローカルアダプタ」は、制御目的に応じた分解能と階層ごとの制御器が担う分解能との間の調整を行う。例えば、電力需給バランス制御において、グローカルアダプタは分散最適化問題におけるローカルとグローバルの間に満たすべき保存則に対応する変数（最適化の分野ではラグランジェ定数と呼ばれる変数で、等価的に価格と解釈できる変数）を適切に調整することにより、各電源間で供給すべき電力の最適配分調整を行う役割を持つ。あるいは、制御目的に応じた分解能ごとに各制御器に追従させる参照値を生成する場合も考えられる。

まず、空間集約化された電力需要予測に基づいて、電力系統全体で供給すべき電力が大域的目的である経済的な視点から低分解能参照値として生成さ

れる。次に、アグリゲータなどの規模で空間集約された中間分解能の目的や需要予測に加えて、上層の低分解能参照値に基づいてアグリゲータに対する消費電力の参照値が生成される。最後に、上層のアグリゲータからの消費電力要求とともに、各需要家に対する最も高い分解能の目的に基づく目標値信号（希望の消費電力）が分散制御器に対する最も局所的な参照信号として用いる。

グローカルアダプタ設計のポイントの1つは、上層の大域的目的を実現する一方で、上層の低分解能の参照値を用いて下層の振る舞いの柔軟性を確保することによって、下層の局所的目的も実現することにある。例えば、後者の例では、消費者への指令値として、1時間同時同量（1時間ごとのエネルギー値）などの低時間分解能の参照値や、量子化や区間値を用いた低レベル分解能の参照値などを用いることが考えらえる。また空間方向に対して、電力使用におけるTAXなどの一律型（ブロードキャスト型）や消費者への指令値のタイミングをずらすなどの多様型（高空間分解能型入力）の参照値生成も、公平性や多様性を確保する点で重要である。

〈グローカル制御器〉

グローカルアダプタは、グローバル／ローカルの両方の目的を調整し、異なる階層ごとに適切な参照値を与える機能を有している。したがって、与えられた参照値に基づいて階層ごとに独立に分散制御器を設計することが可能となり、階層構造を有するグローカル制御器を構成することができる。このように、提案する階層構造化された制御器の利点は、単に計算量の低減だけでなく、以下の2点にある。

- 情報の秘匿性を高めることが可能（サブシステムの全ての情報ではなく必要な情報のみを公開する）
- より柔軟性の高い制御系が実現可能（各サブシステムが独自にその構成を変更しても、他のサブシステムや上位層の制御を変更する必要が生じない）

9.1.4 相互作用の設計科学と縦横階層化システム設計

グローカル制御システムで最も重要な役割を果たすのは「グローカルアダプタ」であることを述べた。階層的なシステムにおいては、階層間に存在する満たされなければならない条件（エネルギー保存則や流れの連続性など）をどのように保証するかが最も重要であるという理由からである。すなわち、階

層間の調整を適切に行う機能の導入が不可欠で、その設計（相互作用の設計と呼ぶ）が階層化システム設計・構築のキーとなる。これは、図 3.1.3 の縦横階層化構造の縦方向の適切な相互作用設計と捉えることができる。

一方、図 3.1.3 の横方向の相互作用に目を向けてみる。環境（自然環境、社会環境）の変化に適応して、社会的価値や個々の価値との共最適性を実現することが目的である。この共最適化には、市場メカニズムが有効ではあるが、これを実際の物理システムとして実現できなければ、社会に対して本当の価値を与えたことにはならない。したがって、市場メカニズムと物理システムとを整合させる機能が必要である。このとき、物理層で整合を取って何らかの社会的価値を生み出す機能が要求される。これが「予測・制御層」で、「市場層」と併せて「横の中間層」と呼び、その設計には異なる量の間の整合を取るための「横の相互作用」の機能を明らかにする必要がある。

すなわち、この縦と横の 2 つの相互作用をシステム論として明確に定義し、それに基づいて縦と横の中間層が持つべき機能や構造を明確にしていくことが必要である。これが新しい学問分野としての「相互作用の設計科学」に対する 1 つのアプローチである[3]。

このように縦と横の 2 方向に階層化されたネットワークシステムの設計は、縦あるいは横のどちらか一方向のみの相互作用からなるシステムに比べて、格段に複雑で難しいものとなる。1 つの大きなポイントは、縦の階層間で生じる相互作用（フィードバックループ）と横の階層間で生じる相互作用（フィードバックループ）が更に連携し、新たなフィードバックループが生じることである。このことを念頭に、縦と横の中間層の設計手法を確立していく必要がある。しかし、現段階では確定的に言える有効な手法は提案されていないので、ここでは 1 つのアイデアを**図 9.1.7** に基づいて紹介するにとどめたい。

図 9.1.7 では、2 つの 2 層階層化システムが横に 2 つ連携した状況を表している。それぞれの 2 層階層化システムにおいては、上位層（グローバル層）と下位層（ローカル層）の縦方向の時空間パターンの整合を取るために、共有モデル集合を導入している。例えば、周波数ゲインが 1 未満などの有界ゲインの集合や、位相が 90 度以上遅れないといった受動性を持つシステムの集合などである。これらの集合を上位層と下位層で共有するならば、前者の場合はスモールゲイン定理によって、後者の場合は受動性定理によって、全

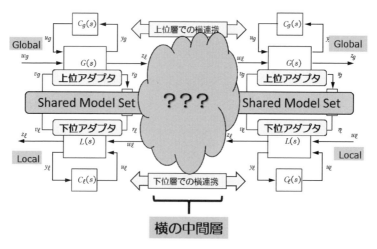

図 9.1.7　縦横階層化システム設計

縦横階層化システムの 1 つの構成は、「上位アダプタ＋共有モデル集合＋下位アダプタ」からなる縦の中間層と、横の相互作用を適切に行う横の中間層の合成されたものである。

体のシステムの安定性が保証されるという利点がある。このように、全体のシステムの安定性が保証されているならば、上位層並びに下位層は個別に自らの評価関数を最適化することが可能となる。

実際には、適切な共通モデル集合を直接見つけ出すことは難しいかもしれない。そこで、各々に適当なアダプタを用意して、アダプタを通して両者を共有モデル集合で結合するのが、現実的な方法と言える。すなわち、「上位アダプタ＋共有モデル集合＋下位アダプタ」が縦方向の中間層の構造の 1 つと言える。

横方向の連携にも同様の考え方を適用することは可能である。しかし、縦と横の接続を同時に行うと、それによって新たなフィードバックループが発生する。このような場合に、全体のシステムの安定性を保証するような理論はまだ構築されていない。この意味で、縦横 2 重階層構造のシステムの安定性の保証をベースとする系統的な設計手法の確立が望まれる。

9.2 異システム融合による Society 5.0 の実現

9.2.1 都市交通システムを例に

9.1 節では、社会システム設計において必要な要件を整理した。ここでは、9.1 節の観点から、都市交通システムを例にした社会システム設計を論じてみよう。

近年、自動車間通信（Vehicle to Vehicle、V2V）、自動車と道路インフラ間通信（Vehicle to Infrastructure、V2I）などの高度通信技術の発展や深層学習などの新しい学習技術の登場により、次世代の高度道路交通システム（Intelligent Transportation System、ITS）へのパラダイムシフトに向けた研究が加速している。特に、**図 9.2.1** に示すように、自動運転技術を中心に、アダプティブクルーズ制御、プラトーニング、信号機制御、レーン制御、インセンティブ付きナビゲーションなど様々な制御技術展開が見られる。

しかしながら、個々の制御技術の研究は数多くあるが、個々の振る舞いから

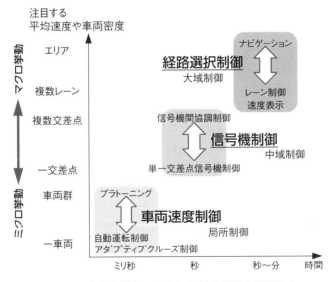

図 9.2.1 都市交通システムにおける各種の制御入力
横軸を時間分解能、縦軸を空間分解能としたときの、都市交通システムにおける車両速度制御から信号機制御、そして経路選択制御までの各種の制御入力の関係を示す。

全体としての振る舞いまで道路交通システム全体を最適に設計する、すなわち、グローカル（グローバル／ローカル）な視点での体系だった設計には至っていない[9]。図9.2.1の縦軸に示す1車両、車両群、信号機間の道路、複数信号機有りの道路、複数レーン、そしてエリアといった道路交通におけるミクロからマクロまでの振る舞い（密度、速度）の間の相互作用を考慮し、個々の最適化から全体の最適化まで、各々の制御目的を整合よく同時に実現するための各種の制御を連携した体系的な設計理論が必要になってくる。

例えば、各エリアの車両密度、エリア内の各交差点の車両密度、各車両の平均速度は、それぞれ相互に影響し合うことから、目的地までの経路を選択させることによりエリアごとの車両密度（交通量）を制御するインセンティブ付きナビゲーション、各交差点の車両密度を制御する信号機制御、各車両の速度制御をうまく連携して制御することが考えられる。

インセンティブ付きナビゲーションによる経路制御は広域に影響するが、各エリアの車両密度を数分の応答でしか制御できない。一方、車両速度制御は一車両ではあるが、その加速度、速度をミリ秒〜秒オーダーの応答で制御することができる。こうした制御入力の特徴をうまく活用することが重要である。このイメージを**図9.2.2**に示す。

これを第3章や9.1節で述べた2重階層構造という視点で捉えたのが**図9.2.3**である。ここでは、各エリアの交通量をノードとするエリアネットワーク、交差点の交通量をノードとする交差点ネットワーク、各車両の振る舞いの3つレベルからなる「物理層」を考える。ここで、対応するインセンティブ付

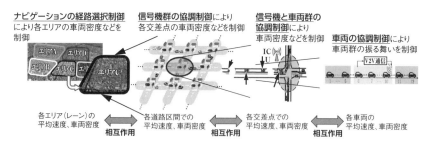

図9.2.2　各階層間の相互作用と制御連携

各レベル間の相互作用を考慮し、社会全体効用（平均燃費、平均移動時間など）と個々の効用（各車両の燃費や移動時間など）を同時に最適化するグローカル交通流制御への展開[10]

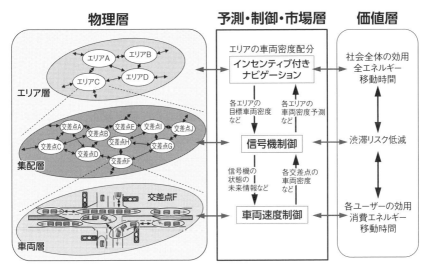

図 9.2.3　都市交通システムの 2 重階層構造
エリアネットワーク、交差点ネットワーク、車両群からなる「物理層」、市場型ナビゲーション、信号機制御、車両速度制御からなる「予測・制御・市場層」、そして、社会全体の価値、集約した交差点で価値、各ユーザーの価値からなる「価値層」で構成される。

きナビゲーション、信号機制御、車両速度制御をまとめて「予測・制御・市場層」と捉え、それぞれに価値を設けた「価値層」を設定している。交差点ネットワーク−信号機制御−渋滞リスク低減が「縦の中間層」に相当し、インセンティブ付きナビゲーション、信号機制御、車両速度制御が「横の中間層」と捉えることができる。

1.3 節で述べた太陽光発電のスマート基幹電源化の要件や 9.1 節で述べた社会システムの特徴と同様に、都市交通システムも、交通需給のバランスと安定性がまず基本である。その上で、社会全体とユーザーの価値を共最適化する多価値共最適性（多様価値系）、様々な環境下での交通量需要予測や周辺車両の速度予測などの外れリスクに伴う調和的ロバスト性（異種相互作用系）、そして、ヒューマンドライバーによる自動車と自動運転の割合が変化する環境変化に伴う適応性としてオープン適応性（開放環境系）をいかに満たすように設計するかが重要となる。

9.2.2 電力システムと移動システムの融合に向けて

　前節では、都市交通システムも電力システムと同じように、2重階層構造で捉えることができることを述べた。ここでは、2つの社会システムの融合について検討してみよう。1.1.4項で述べたように、将来的には車両は電気自動車、すなわち、EVが支配的な世界になるであろう。そのとき、移動する蓄電池として、都市交通システムによる「移動」というサービスと電力システムによる「エネルギー」というサービスが相互に関係し合うことは明白である。移動はエネルギーにより可能であり、エネルギーはEVにより時空間シフトを可能とする。

　前者に関してEVの場合は、移動距離が同じ場合には、移動時間が短いほど、エネルギー消費が大きくなるという特徴がある。ガソリン車の場合はある一定の定速で走行するのがエネルギー効率が良いとされるので、例えば、高速道路では燃費が良い。一方、EVの場合、高速道路でのエネルギー消費量は、一般道路での走行よりも大きくなる。移動時間というサービスと電力エネルギー消費というサービスには、大きな関係があることがわかるであろう。

　一方、後者に関しては、大量のEVは、配電網や送電網の役目も担うようになることが考えられる。極端な例では、あるエリアの全ての住宅が太陽光発電とEVを有している状況において、そのエリアの配電網はもはや不要になるかもしれない。天候次第で、そのエリアにおいて太陽光発電で十分に賄えない場合には、基幹系統とつながった給電所でEVを使った給電を考えればよい。過疎エリアなど電力が不足している住宅に、EVで電気を運ぶようになるかもしれない。

　集約層であるアグリゲータは、各EVと契約することで膨大な蓄電池を手に入れることになるであろう。1.1.4項で述べたように、ほとんどの車両が停止しているため、グリッドに接続している限り、どの場所にいても定置型蓄電池とみなすことができる。しかし、移動のためのエネルギーというサービスと、電力システムの蓄電池としてのサービス（需給調整力やアンシラリーサービス、そしてエネルギーシフトなど）の両方を適切に使い分けて制御する必要がある点がポイントになる。そうでないと、アグリゲータが、契約EVの蓄電池から契約ユーザーに不足電力を賄う際に、あるEVは充電量が足りず、目的の移動が達成できない場合が生じてしまう。移動目的と、蓄電池としての

サービスをうまく制御する必要があろう。さらに、そうした2つの目的を有するEVを社会全体として制御する際には、移動時間や消費エネルギーと関係するインセンティブ付きナビゲーションや信号機制御との連携も必要になる。

このように、IoTにより様々なシステムが連携したSoSの世界を実現する1つの例として、都市交通システムと電力システムを連携し、移動とエネルギーのサービスを効果的に実現していくためのシステム設計が重要になっていくであろう。

参考文献

1) 原 辰次：制御とシステムインテグレーション、計測と制御、44-11、793/797（2005）
2) 原、本多：超スマート社会におけるシステム科学技術概論，計測と制御、56-4、284/287（2017）
3) 原 辰次：「わ」のコンセプトに基づく新しいシステム理論構築に向けて計測と制御、57-2、73/78（2018）
4) E. A. Lee：Cyber-Physical Systems – Are Computing Foundations Adequate?, NSF Workshop On Cyber-Physical Systems（2006）
5) 岩野、高島：サイバーフィジカルシステムとIoT、情報管理、57-11、826/834（2014）
6) 原、井村、津村、植田：エネルギーネットワークシステムに対するグローカル制御系設計、第58回自動制御連合講演会（2015）
7) 原 辰次：次世代都市インフラシステム構築に向けて：グローカル制御の視点、第58回自動制御連合講演会（2015）
8) S. Hara, et. al.：Glocal (Global/Local) Control Synthesis for Hierarchical Networked Systems, Proc. IEEE Conference on Control Applications（2015）
9) 井村順一：調和型超スケールエネルギー管理システム理論の構築に向けて―道路交通システムと電力システムを例に―、計測と制御、57-2、89/92（2018）
10) Map data @2018 Google, ZENRIN

おわりに

　次世代の電力システムの特徴を一言で述べるならば、太陽光発電を中心とする再生可能エネルギーが大量に導入され、プロシューマやアグリゲータなどといった新しい役者（機能）が登場し、それらの役者と、モノ、エネルギー、サービスがIoTを中心につながることで、大規模にそして複雑に相互作用することにある。本書では、この相互作用に着目することで、次世代の電力システムのあるべき姿と実現可能性について解説してきた。

　第1部では、まず「電力システム改革」に伴う様々な世の中の動きを整理した後、太陽光発電のスマート基幹電源化にとって必要となる要件を明らかにし、次世代電力システムに向けてのロードマップを提示した。さらに、システム論的な見方で、次世代電力システムのあるべき姿を探り、縦横階層化システムという新しい枠組みを提案した。そこでは、システム全体を運用する「運用層」と「ユーザー層」とを結ぶ、アグリゲータからなる「集配層」を縦の中間層として位置づけ、送配電網や発電機、蓄電池といった「物理層」と、システム運用者やユーザー側の価値を表す「価値層」とを結ぶ「予測・制御層」と「市場層」とからなる横の中間層の、2つの中間層が次世代の電力システムを設計する際の鍵となることを述べた。

　第2部では、太陽光発電予測、アグリゲータ、電力市場、系統制御・配電制御の4つの技術について、個別にその現状とあるべき姿に向けての解決すべき技術的課題を紹介した。また、それらの課題の一部については、具体的な解決方法・方策を示した。

　第3部では、社会システム設計に向けた開発環境とシステム設計の枠組みに言及した。まず、次世代電力システム開発を支援する環境の構築に向けては、異分野の研究者の密な連携を可能とするために、ビッグデータと数理モデル連携によるシステム開発とクリエイティブデータサイエンスの創設が重要であることを指摘した。また、電力だけでなく、ガス、水、人の行動、人の移動、モノの輸送といった様々な社会システムがつながっていく状況を想定し、社会システム設計そのものの在り方についても論じた。

　我々が目指す先は、日本が将来を見据えて掲げるSociety 5.0の世界である。

おわりに

 2016 年にスタートした第 5 期科学技術基本計画のキャッチフレーズとして登場した Society 5.0 は、科学技術イノベーション総合戦略 2017 において、(1) サイバー空間とフィジカル空間を高度に融合させることにより、(2) 地域、年齢、性別、言語による格差なく、多様なニーズ、潜在的なニーズにきめ細かに対応したモノやサービスを提供することで、経済的発展と社会的課題の解決を両立し、(3) 人々が快適で活力に満ちた質の高い生活を送ることのできる、人間中心の社会、と定義されている。

 本書で扱った次世代を担うエネルギーシステムの構築は、情報システムとともに、その基礎部分を構成する必要不可欠の要素であることはいうまでもない。基盤となるエネルギーシステムを最適に設計し、その上で、第 3 部で提案した開発環境・システム設計の枠組みの下で Society 5.0 が掲げる様々な社会システムと連携して、最終的に Society 5.0 が目指す社会全体のあるべき姿につながっていくことを望みたい。

（五十音順）

●あ 行●

アクチュエーション ……………………… 47, 204, 206
アグリゲーション ………………………………………… 90
アグリゲーションビジネス ………………………… 122
アグリゲータ
　………… 16, 29, 36, 44, 55, 62, 99, 126, 128, 151
アグリゲータ管理者 ………………………………… 136
アグリゲータ（中間層） …………………………… 152
アダプティブクルーズ制御 ………………………… 217
アンサンブルスプレッド ……………………………… 93
アンサンブル予測 ……………………………… 92, 93
アンサンブル予報 …………………………… 79, 102
アンシラリーサービス ………………………… 121, 122
安定性 …………………………………………………… 28
安定度 …………………………………………… 24, 155
意思決定 ……………………………………………… 204
異種相互作用系 ………………………………… 201, 219
1時間前市場 ………………………………………… 11
一日先予測 …………………………………………… 21
一日前市場 …………………………………………… 116
一日前取引 …………………………………………… 118
一斉解列 ……………………………………………… 170
一般送配電事業者 ……………………… 34, 112, 116
一般電気事業者 ……………………………………… 33
インセンティブ付きナビゲーション ………… 217
インバランス市場 …………………………………… 118
インバランス精算 …………………………………… 100
インバランス取引 …………………………………… 117
インバランス料金 …………………………… 34, 122
ウェブアプリケーション ………………………… 184
運用層 …………………………………………………… 52
エアロゾル …………………………………………… 95
衛星観測データ ………………………………… 76, 80
エージェント ………………………………………… 172
エネルギー市場 ……………………………………… 29
エネルギーシフト ……………………………………… 20
エネルギーシフトプロファイル ………………… 123
エネルギーとしての価値 …………………………… 35
エネルギーマネジメント ………………………… 193
エネルギーマネジメントシステム ……… 32, 171
大外れ …………………………………………… 23, 68
オープン適応化 …………………………… 171, 172
オープン適応性 ……………… 28, 61, 65, 201, 219

卸市場 ………………………………………………… 122
卸電力市場 …………………………………………… 117
卸電力取引所 ………………………………………… 33

●か 行●

階層化構造 …………………………………………… 189
階層化分散制御 ……………………………………… 212
開放環境系 ……………………………………… 201, 219
解列 ……………………………………………………… 169
価格シグナル ………………………………………… 122
架空配電線 …………………………………………… 160
確率アプローチ ……………………………………… 103
ガス火力発電 ………………………………………… 20
価値層 ………………………………………………… 219
過渡安定度 …………………………………………… 145
ガバナフリー ………………………………………… 141
環境価値 ……………………………………………… 35
監視等委員会 ………………………………………… 113
慣性力 …………………………………………… 25, 155
機械学習 ………………………………………… 21, 89
基幹電源 ……………………………………………… 131
気候変動枠組条約締約国会議 …………………… 13
気象衛星ひまわり8号 ……………………………… 191
気象予報 ……………………………………………… 78
気象予報モデル …………………………… 76, 78, 89
起動停止計画 ……………………………… 104, 142
起動停止計画問題 …………………………………… 60
輝度温度データ ……………………………………… 191
逆潮流 …………………………………………… 24, 164
客観性 ………………………………………………… 136
旧一般電気事業者 ……………………… 111, 112, 116
供給家アグリゲータ ………………………………… 133
供給曲線 ……………………………………………… 127
供給調整値 …………………………………………… 51
供給電力 ……………………………………………… 19
供給予備力 ………………………………… 105, 142
供給力としての価値 ………………………………… 35
共最適化 ……………………………………………… 30
協調効果 ……………………………………………… 181
共同作業 ……………………………………………… 180
局地モデル …………………………………………… 79
空間シフト …………………………………………… 44
空間シフト要素 ………………………………… 45, 51
空間スケール ………………………………………… 188

225

索 引

空間的エネルギーシフト	123, 130
区間アプローチ	103, 106
区間予測	31, 105
串刺検索	184
区分開閉器	167
雲	78, 95
クリエイティブ・データサイエンス	180, 187, 188
グローカルアダプタ	212, 214
グローカル協調制御	172
グローカル制御	171, 209
グローカル制御器	212, 214
グローカル予測器	212
計画値同時同量	29, 34, 39, 99
経済負荷配分制御	141
傾斜角	77
計測	195
継電器	166
系統運用者	140, 152
系統制御	30, 140
系統用蓄電池	150
ゲートクローズ	121
ケーブル配電線	160
原因者負担	107
限界費用	41
原資産	117
高圧線	159
広域予測	90
広域連系	31
高活用化	172
公衆の安全	166
公平性	107
効用関数	52
小売りおよび発電の全面自由化	11
小売事業者	11, 33, 37, 44
小売市場	117, 122
小売電気事業	111
固定価格買取制度	12, 40
コネクト&マネージ	151
コラボレーションルーム	180

● さ 行 ●

再生可能エネルギー	11, 12, 44
最適化	129
最適性	203
最適負荷配分	142
先物取引	117, 118, 126
先渡取引	117, 118, 126

サイバー世界	46
30分ごとの計画値同時同量	29
三相3線式	165
三相電力	165
時間シフト	44
時間シフト要素	45, 51
時間的エネルギーシフト	123, 128
時間的エネルギーシフトプロファイル	125
時間前市場	33, 45, 53, 116, 126
時間前市場（当日市場）	29
時間前取引	118, 136
需給計画	75
需給調整市場	41, 111
需給バランス	28
時空間スケール	45, 211
時空間分布	44
事故時の検出・復旧	162
事故時の検出・復旧問題	160
事故復旧	160, 167
次々世代電力システム	208
市場管理者	127
市場層	54, 57, 64, 215
市場調停者	135
市場メカニズム	45, 46, 51, 53, 121, 190
システム構築	181
次世代調和型電力システム	46, 55
持続モデル	82
実世界	46
実世界の情報取得	47
実世界への働きかけ	47
実測データ	76, 96
自動車間通信	217
自動車と道路インフラ間通信	217
社会受容性	101, 107
社会的価値	44, 188
社会との合意	200
車載用蓄電池	16
遮断器	168
縦横階層構造	57, 59
集中制御	141
集配層	52, 57, 62
周波数	141
集約	52
集約機能	44
集約層	64
受益者負担	107
縦横階層構造	55

226

需給計画	116
需給制御	30, 140
需給制約	148
需給調整	117
需給調整契約	101
需給調整市場	11, 29, 35, 45, 118, 121, 122
需給調整力	29
需給バランシンググループ	39
需給バランス	61
需給予測	60
出力抑制	20, 152, 162, 164
受動的データ取得	188
需要家	163
需要家アグリゲータ	133
需要家群	193
需要曲線	127
需要調整値	52
需要データ	187
需要電力	19
需要と供給の時空間分布	44
需要バランシンググループ	39
需給バランス	74
瞬時電圧低下	170
情報世界	203
情報通信技術	15
情報ネットワーク	206
初期値データ	85
信号機制御	217
人工物システム	201
深層学習	96
新電力	116
真の調和的ロバスト性	172
信用度	134, 135, 136, 138
信頼区間	92, 101, 102
信頼度	68, 134
信頼度付き区間予測	31, 102
数値予報	21
数値予報技術	78
数値予報モデル	76
数理モデル	189
スケジューリング	129
スポット市場	29, 33, 45, 53, 116, 121, 126
スマートアグリゲーション	43, 99, 130, 170, 171
スマートアグリゲータ	44
スマート基幹電源化	27, 28, 32, 121, 122
スマートグリッド	16
スマートメータ	15, 84, 96, 99
正確度	136
制御	195
制御器	48
制御系設計機能	196
制御システム	51
制御対象	48
静止気象衛星ひまわり 8 号	73, 81
積雪	71, 95
石油火力発電	20
セキュリティチェック	147
設備情報	78
設備的特性	158
設備容量	69
全球モデル	79
前日市場	29, 33, 105, 116
前日市場取引	136
センシング	47, 204, 206
相互作用設計	215
相対取引	116, 138
送電制約	148
送電線過負荷（混雑）	149
送電損失	152
創電ネットワーク	32
送電ネットワーク	18
送電容量	151, 155
送配電事業	111, 114
送配電事業者	11, 37, 140
送配電制約	23
送配電部門の法的分離	11

● た 行 ●

第 5 期科学技術基本計画	199
太陽光発電	18
太陽光発電システム	69, 191
太陽光発電の変動特性	71
太陽光発電予測技術	75
太陽光発電量	191
太陽光発電量予測	18, 45
太陽光発電量予測プロファイル	129
太陽電池アレイ	77
太陽放射コンソーシアム	191
多階層システム	201
多価値共最適性	28, 61, 62, 201, 219
多様価値系	201
託送料金	42
多数分散型	71
縦の階層構造	208
縦の中間層	53, 57, 219

索引

多分解能階層化動的システム ……… 209
多分解能センサ ……… 212
多分解能分散制御器 ……… 212
多様価値系 ……… 219
多様性 ……… 108
短時間予測 ……… 81, 82, 89
断線 ……… 166
単独運転 ……… 166
短絡 ……… 166
地域供給系統 ……… 23
蓄電池 ……… 16, 40, 45, 99, 151, 174, 220
蓄電池市場 ……… 128
知能化フィードバック構造 ……… 208
中間層 ……… 51, 150
柱上変圧器 ……… 159
長期エネルギー需給見通し ……… 13
超スマート社会 ……… 199
調整用電源 ……… 20
調整力 ……… 46
調整力価値 ……… 35
調整力市場 ……… 11, 30, 35, 41
超短時間先予測 ……… 21
潮流状態 ……… 140
潮流制御 ……… 30, 45, 140, 145, 149
調和型ロバスト性 ……… 65
調和的ロバスト化 ……… 171
調和的ロバスト性 ……… 28, 61, 201, 219
地理的特性 ……… 158
通過電流制約 ……… 24
低圧線 ……… 159
適応力 ……… 123
適関係性 ……… 203
データサイエンス ……… 187, 188
データの再構築 ……… 188, 189
データの取得 ……… 188
データの補間 ……… 188
データベース ……… 196
デマンドレスポンス
　（Demand Response、DR） ……… 36, 60, 122
デリバティブ ……… 117
テレメータ ……… 84
電圧安定性 ……… 24
電圧上・下限の逸脱 ……… 163
電圧上昇 ……… 24
電圧制御 ……… 30
電圧制御機器 ……… 163
電圧制約 ……… 157
電圧不平衡 ……… 162
電圧不平衡問題 ……… 160
電圧分布 ……… 160, 162
電力・ガス取引監視等委員会 ……… 113
電気自動車 ……… 16, 130, 220
天空画像 ……… 81
天空画像データ ……… 76
電源入札 ……… 121
電線温度 ……… 155
電力エネルギー ……… 29
電力・ガス取引監視等委員会 ……… 113
電力系統安定化制御 ……… 157
電力広域的運営推進機関（OCCTO） ……… 11, 114
電力小売市場 ……… 117
電力コラボレーションルーム ……… 181
電力市場 ……… 33, 64
電力システム ……… 51, 53
電力システム改革 ……… 111
電力システムに関する改革方針 ……… 10
電力需給逼迫 ……… 114
電力需要 ……… 74
電力潮流 ……… 144, 163
電力の流れ ……… 163
電力プロファイル ……… 123
同期化力 ……… 151, 152, 172
同期化力インバータ ……… 32, 66, 173, 174
当日市場 ……… 29, 33, 116
当日予測 ……… 21
導入容量 ……… 191
独立系統 ……… 172, 176
都市交通システム ……… 217
取引所取引 ……… 116

● な 行 ●

ならし効果 ……… 21, 40, 71, 90, 131, 137
2重階層構造 ……… 208, 218
日負荷曲線 ……… 19
日射 ……… 150
日射量 ……… 71, 187
日射量予測 ……… 21
日射量予測値 ……… 86
日本卸電力取引所 ……… 116
入札形式 ……… 138
認識 ……… 204
ネガワット取引市場 ……… 11
ネットワーク化制御システム ……… 48
ネットワーク制約 ……… 99
能動的データ取得 ……… 188

索 引

●は 行●

- バイアス補正 …………………… 85, 89
- 配電系統 ……………………………… 157
- 配電制御 ………………………………… 30
- 配電ネットワーク ………………………… 24
- 派生商品 ……………………………… 117
- バーチャルパワープラント ………………… 42
- バックアップ ………………………… 116
- 発電計画 ……………………………… 116
- 発電事業 ……………………………… 111
- 発電事業者 …………… 11, 33, 37, 44
- 発電電力量 ……………………………… 21
- 発電特性 ………………………………… 71
- 発電バランシンググループ …………… 39
- 発電予測 …………………………… 68, 75
- 発電予測技術 ………………………… 21, 94
- 発電予測システム ……………………… 84
- 発電量の予測精度 …………………… 45
- バランシンググループ …… 29, 36, 39, 44, 55, 62
- パリ協定 ………………………………… 14
- パワエレ ………………………… 162, 169
- パワーエレクトロニクス ………… 162, 169
- パワーコンディショナ ………… 68, 150, 162
- 汎化能力 ……………………………… 190
- 非化石価値 ……………………………… 35
- 光起電力効果 …………………………… 68
- ビッグデータ ………………………… 187
- 標準的取引価格 ……………………… 138
- フィードバック構造 …………………… 48
- フィードバック制御系 ………………… 47
- フィードバックループ ………… 48, 195, 207
- 風力発電 ……………………………… 156
- フォルト・ライド・スルー
  (Fault Ride Through：FRT) 169
- 不確実性 ……………… 68, 91, 95, 100, 137
- 負荷周波数制御 ……………………… 141
- 複合システム ………………………… 201
- 物理・情報2重ネットワーク構造 … 48, 208
- 物理世界 ……………………………… 46, 203
- 物理層 …………………………… 54, 57, 218
- 物理ネットワーク ……………………… 206
- 不平衡状態 ……………………………… 165
- 不平衡率 ………………………………… 165
- ブラインド・シングルプライスオークション
   ……………………………………… 138
- プラグインハイブリッドカー …………… 16
- プラットフォーム構築 ………………… 195
- プラトーニング ………………………… 217
- フレキシビリティ ……………………… 172
- プロシューマ ………………… 29, 36, 99
- ブロックチェーン ……………………… 42
- プロファイル ………………… 101, 102
- 分散制御 ……………………………… 141
- 分散電源 ………………………… 18, 23
- 分配 ……………………………………… 52
- 分配機能 ………………………………… 44
- 平衡状態 ……………………………… 165
- ベースロード電源 ……………………… 19
- 変動量の見積もり ……………………… 134
- 方位角 ……………………………………… 77
- 法的分離 ……………………………… 112
- ポストFIT ……………………………… 27
- 母線電圧 ……………………………… 145

●ま 行●

- マイクログリッド化 ……………………… 32
- マルチエージェント ………………… 173
- マルチエネルギー市場 ………………… 32
- マルチスケール階層構造 ……………… 48
- メソモデル ……………………………… 79
- メリットオーダー ……………………… 11
- モデル構造 …………………………… 190
- モデルパラメータ …………………… 190

●や 行●

- ユーザー層 ……………………………… 52
- ユニバーサルサービス ………………… 41
- 揚水発電 ………………………………… 20
- 容量市場 ……………………………… 118
- 容量メカニズム ……………………… 118
- 横の相互作用 ………………………… 215
- 横の中間層 …………… 54, 57, 215, 219
- 余剰電力 ………………………………… 19
- 余剰電力買取制度 ……………………… 12
- 予測 …………………………… 195, 204
- 予測機能 ……………………………… 196
- 予測誤差 …………… 68, 76, 85, 86
- 予測・制御・市場層 ………………… 219
- 予測・制御層 …………… 54, 57, 215
- 予測の大外れ …………… 87, 88, 93
- 予測の信頼区間 ………………………… 92
- 予測の信頼度 …………………………… 45
- 予測のリードタイム …………………… 85

索 引

●ら 行●

ランプ	95
リアルタイム	96
リスク	134
リスク軽減	128
リスクヘッジ	125, 126
リレー	166
リレーショナルデータベース	185
レトロフィット制御	156
連系線	116, 146
連系線使用計画	116
連結点群	59
レーン制御	217
連成実行	184
ロバスト性	203

●記 号●

ΔkW	29
ΔkW 価値	35, 42
ΔkW 市場や調整力市場	30

●欧 字●

AG	30
AI	96, 99, 206
AMATERASS データ	191
BEV	16
BG	30
CDS	188
COP21	14
CPNS	48
CPS	46, 203
CxyzNS	208
Cyber Physical Network System	48
Cyber-Physical Systems	46, 203
DR	60
D-SoS	208
EDC	141
ESG 投資	34
EV	220
Fault Ride Through	162, 169
FIT	12, 184
FRT	162, 169
GF	141
GMS	79
GPV	80
GSM	85
HEMS	16
ICT	15
IoT	33, 44, 203
IoT 技術	171
ITS	217
JEPX	116, 126, 184
kWh	29
kWh 価値	35
kWh 市場	29
kW 価値	35
LFC	141
LFC 調整容量	143
LFM	79
MSM	79, 86
OCCTO	11, 116, 184
PCS	162, 169
PHEV	16
Photovoltaics	30
Power Conditioning System	162
PSS	157
PV	30
RE100	34, 40
Society 5.0	46, 199
SoS	48, 208
SVR (Step Voltage Regulator)	164
System of Systems	48
UC	60, 104
V2V	217
VPP	42
xEMS	32, 60, 171

執筆者紹介 （五十音順）

編著者
井村順一（東京工業大学）、原　辰次（中央大学）

著者
井村順一（東京工業大学）
植田　譲（東京理科大学）
大関　崇（産業技術総合研究所）
大竹秀明（産業技術総合研究所）
児島　晃（首都大学東京）
杉原英治（大阪大学）
造賀芳文（広島大学）
津村幸治（東京大学）
原　辰次（中央大学）
益田泰輔（名城大学）
山口順之（東京理科大学）

太陽光発電のスマート基幹電源化
──IoT/AIによるスマートアグリゲーションがもたらす未来の電力システム

NDC540.9

2019年3月25日　初版1刷発行　　（定価はカバーに表示してあります）

©　編著者　　井村順一・原　辰次
　　　発行者　　井水　治博
　　　発行所　　日刊工業新聞社
　　　　　　　　〒103-8548　東京都中央区日本橋小網町14-1
　　　電　話　　書籍編集部　03（5644）7490
　　　　　　　　販売・管理部　03（5644）7410
　　　F A X　　03（5644）7400
　　　振替口座　00190-2-186076
　　　U R L　　http://pub.nikkan.co.jp/
　　　e-mail　　info@media.nikkan.co.jp
　　　製　作　　㈱日刊工業出版プロダクション
　　　印刷・製本　新日本印刷㈱

落丁・乱丁本はお取り替えいたします。　　2019 Printed in Japan
ISBN 978-4-526-07955-9
本書の無断複写は、著作権法上の例外を除き、禁じられています。